# 秘伝オールナイトニッポン

## 奇跡のオンエアはなぜ生まれたか

亀渕昭信
Akinobu Kamebuchi

小学館新書

秘伝オールナイトニッポン　奇跡のオンエアはなぜ生まれたか

目次

# 第1章

# オールナイトニッポンと私のこと

## ■オールナイトニッポンは五十五歳を迎えた

一九六七年十月二日、第一回目の「オールナイトニッポン」(以下、オールナイト)の放送開始から五十五年という月日が経ちました。

深夜帯の番組がこれだけ続くということもテレビと比較すれば驚異的。また聴いたことがない人も番組名は知っているほどのブランドになったことに隔世の感もあります。

申し遅れました、こんにちは！　亀渕昭信です。簡単に申しますと、私、オールナイト初期にパーソナリティを務め、ニッポン放送社員として番組に携わりました。ラジオの喋り手をパーソナリティと呼ぶのは、アメリカのラジオ業界が使っていた「エア・パーソナリティ」を縮めたもの。あちらでは、アナウンサーはニュースを喋る人。そうじゃないフリートークをする人は「エア・パーソナリティ」と呼ばれていたんです。

私が受け持った第一回放送は一九六九年四月、五十三年前の話、正に光陰矢の如し。まったく驚いちゃいますね。

この本は、イチ東京のラジオ局が放送している番組がなぜこんなに長続きし、未だに若い人に支持され続けているのか？　それを皆さんと考えていこうという趣旨が一つ。オールナイトのオールドリスナーには懐かしい話題が多いでしょうし、ニューリスナーは「こうやって現在のフォーマットが確立されたのかあ」なんて思ってくれると嬉しい。

インターネット、とくにソーシャルメディア隆盛期の今、既存のメディアは岐路に立たされてると感じます。テレビもコアターゲット層にシフトしてドラマもバラエティも様変わりしてる。不景気でコマーシャルも減って予算削減を余儀なくされてたり大変ね。それはラジオだって同じです。

ただ現在は声のメディアとしてradikoが普及し、ラジオが再評価されつつもある。でも、タイムフリー・エリアフリー機能を使った楽しみ方が主流だから放送メディアとしては確実に変化してます。そういうわけで、このオールナイトが還暦を迎える前に「ちょっと立ち止まってラジオというメディアを考えてみようか」ということも本書の大きなテーマとして据えてみようと思います。

## ■日本初の若者向け深夜番組開始！

それじゃまず、このオールナイトの成り立ちからおさらいしていきましょうか。

六七年当時、午前○時を超す放送は東京の各局がやっていました。ニッポン放送では糸居五郎さんが「オールナイトジョッキー」（五九年）で活躍してましたし、文化放送で土居まさるさんが「真夜中のリクエストコーナー」（六五年）で人気でした。局アナである土居さんが従来のアナウンサー口調と違う「ジャーン」とか「ビシッと」みたいな、擬音語まじりで繰り広げるマシンガントークが新しかった。私個人はこの土居さんの喋りがオールナイトの原型なんじゃないかなと思います。けれど、深夜一時からの放送は、若者相手ではなく、もっぱら夜働いてる方々向けでした。

私の上司であり、オールナイトスタート時の編成責任者であった羽佐間《はざま》重彰さんから、番組スタート時の苦労話を何度も聞きました。それを箇条書き風にまとめてみます。

◎一九六〇年代中期、それまで天下を取ってきたラジオ業界はカラーテレビに押されて凋落。これじゃいけないと業界を挙げて新しいチャレンジを試みていた。

◎そこで、羽佐間さんが作りたいと考えたのが、若者のための深夜帯ワイド番組。羽佐間さんは上司（当時のニッポン放送常務）である石田達郎さんに相談した。
◎石田－羽佐間ラインの素晴らしいアイデアが実り、多くの関係者の努力で、日本初の深夜放送ワイド番組がスタートする……と思ったら、一九六七年四月に、なんと、TBSラジオがいわゆる文化人を起用した自社制作の深夜ワイド「パックインミュージック」を始めるんです。あららら……。
◎でも、そんなことぐらいでは挫けない石田－羽佐間ライン。ついに一九六七年十月一日（暦日十月二日早朝）午前一時から五時までの四時間、ニッポン放送社員たちがパーソナリティを務める「オールナイトニッポン」がスタート。
月曜が糸居五郎さん、火曜は斉藤安弘（アンコー）さん、水曜が高岡寮一郎さん、木曜が今仁《いまに》哲夫さん、金曜は常木建男《たつお》さん、土曜が高崎一郎さんという布陣。

これがラジオの新しい歴史をスタートさせた六人だった。

……と、見てきたようなことを書いたけれど、実は、このほとんどは、あとで聞いた話。

というのは、私、一九六六年十月十日から一年間、FMラジオの勉強と新しい音楽事情を知るため、会社を休職扱いにしてもらい、アメリカのサンフランシスコに行っていたんです。ですから帰国したのは、オールナイトが始まってちょうど一週間経った時でした。

番組の基本は狭いスタジオの中での社員パーソナリティの一人喋り。うまい喋り手なら、これが自分の気持ちを一番聴取者に伝えられる方法です。深夜の深い時間の生放送なんて、引き受けてくれるタレントさんを見つけるのが大変。だったら、社員でいってみるのもいいだろう、余計な出演料も発生しないし、ということで始まったオールナイトは見事に時代の波に乗りました。

下ネタは厳禁とかの方針もあったようですが、パーソナリティの一人、今仁哲夫さんは、エッチな話、平気で喋り散らかしていました。私、この反骨精神、好きでした。

若者の間で（高崎一郎さんが選曲した）番組のテーマソング「ビタースウィート・サンバ」がじわじわと浸透し始めるのとほぼ時を同じくして、ザ・フォーククルセダーズの「帰って来たヨッパライ」が大ヒットしました。当時としてはとっても変な歌だったこの歌は、昼間の大人向けラジオではほぼ無視されていたんです。その上、オールナイトのライバル

「パックインミュージック」のスポンサーは自動車会社。「酔っ払い運転の歌、これ、オンエア無理でしょう」と自主規制があったのか、この曲のオンエアはニッポン放送の独占状態。これがスタートしたばかりのオールナイトの追い風になったんです。

もう一つ、刮目すべきは、一年間あまりスポンサーをつけなかったこと。番組も大事だけれど、営業がなければ放送局は立ち行かなくなります。でも知名度のない番組はスポンサーに安く買い叩かれる。だったら人気が出るまでじっと我慢しようというのが、羽佐間さんの方針でした。

この読みは大当たり。受験戦争の激化や、ビートルズやフォークソングなど若者音楽の台頭で、オールナイトはほんの数年でラジオ界を代表するワイド番組になりました。

ただし、番組は急成長、大成功したけれども、人気は永遠に続くわけじゃない。パーソナリティも入れ替わり、数年たつと、番組にガタが出始めました。当然、TBSの「パックインミュージック」や文化放送の「セイ！ヤング」など他局も猛追してきます。

ついに、一九七二年夏、改革＝番組の立て直しが始まります。

まずは、一時避難。最初の六ヶ月は亀渕と今仁さんの二人で、後半の六ヶ月は、なぜかまたまた亀渕と歌謡曲に強い池田健さんとで、一時から五時まで二時間ずつ週六日、オールナイトを担当しました。僕の場合は音楽が好きだったから良かったものの、気持ちとしては、敗戦処理投手みたいな感じで、どうにもやるせなかった。

## ■サラリーマン・パーソナリティになるまで

僕は糸居さんや今仁さんのような名調子のアナウンサーではない裏方の社員でした。それがなんでパーソナリティになっちゃったのかを少しお話しします。

まず叔母が、進駐軍のキャンプ回りのジャズ歌手をやっていました。子守歌代わりにアメリカの流行歌を聴いて、いつか音楽の仕事をしたいなと思ってたんです。

高校生の頃は新聞記者になりたかったんですが、新聞界には長老や偉い人が多くて大変だと聞いてビビっちゃった。そんな時にニッポン放送の高崎一郎さんがアルバイトを募集してたので応募したんです。採用されてラッキー。

それまで私はニッポン放送を聴いたことがなかったんです。もっぱら聴いてたのは、洋楽が得意なラジオ関東（現、ラジオ日本）と本場のポップスが流れるＦＥＮ（米軍極東放送網）。

なのに局に潜り込めたんだから、今振り返ると名前をラッキー亀渕に変えたいくらい幸運でした。

ニッポン放送での初仕事は、オールナイトの土曜担当だった高崎さんのアシスタントでした。「お前、喋ってると面白いし、ディスクジョッキーをやってみないか」と言われたんです。アメリカに渡って向こうの放送に接したし、音楽も好き。それに私は根が聞き分けのいい子なんですね、誘われると素直に「やってみよっかな」と思った。実はちょっと吃音《きつおん》があって、本音は不安だったんだけど、「ダメだったら一クール（約三ヶ月）で終わるし、ディレクター志望だからいいじゃん」とちょっとした冒険心で引き受けたわけです。

するとリスナーに応援されて、半年で終わるはずが三年強、七三年まで喋ることになりました。

音声しかないラジオの影響力を感じさせるエピソードがあります。それを端的に示す一例が七〇年の「ビアフラ難民救済キャンペーン」です。

当時はオールナイトを終えて家に帰ると、いつも母が起きて待っていました。それで寝る前に二人でいろんなことをしゃべっていたんです。ある夜、新聞の一面に大きくナイジエリアのビアフラ独立を巡る内戦が報じられている記事を見つけました。そこには餓死寸前まで痩せ細った子どもの写真が載っていた。で、その記事のすぐ下に「日本政府、古いお米の処理に困る」という記事がありましてね。記事を読んだ母が「余ってるんだったら、お米をビアフラに送ったらいいじゃない」って呟いた。お袋さん、スゴいこと言うなと感心しましたね。

翌日、私は上司に無断で「来週は番組へのハガキはいらないから、みんな霞が関の外務省に、ハガキを送ってよ。『ビアフラへ米を送れ』って書いて！」と言ったんです。内心はちょっと、ビクビクでしたけど。

すると三千通を超えるハガキが外務省に届いたそうです。そしてついにお米を送ることが現実になった。驚きました。報道部長さんは、「お前なんてことしたんだ！」って、ビックリしてから、ほめてくれました。ラジオには人を動かす力があると実感したんです。

## ■曜日別でタレント・パーソナリティ起用

局員で放送パーソナリティをやっていくのも、さすがにシンドくなった七三年、いきなり私は「今後の番組のディレクションをやれ」ってチーフディレクターを拝命することになったんです。

私は番組名とテーマ曲はそのままで、構成を含め、中身を全部変えようと考えました。まずパーソナリティをどうするか。リスナーは番組名よりパーソナリティの名前を覚えるものです。だから、鮮度の高い人、面白い人を見つけようと考えました。

ジングル（CMの前後などに挿入される短い楽曲）は番組の看板だから新しいのを作ろう、一クールずつ彩りを変えていこうかなとか、細かいコーナー企画を徹夜して仕上げました。その頃、「セイ！ヤング」の谷村新司さんが人気でオールナイトは少し落ち目でした。だから何とかしなきゃいけないと、柄にもなく頑張っちゃったんですよ。プロダクションに頼まず、自分で足繁くコンサートへ通ったり、オーディションをやりました。

結果、月曜から土曜までのメンバーを小林克也さん、泉谷しげるさん、あのねのね、斉藤安弘さん、カルメン、岸部シローさんに決めました。タレント・パーソナリティの時代の到来は質的にそれまでと紀元前、紀元後くらいの違いがあるんじゃないかと思います。

小林克也さんはＤＪとして抜群。泉谷さんはデビューからずっとウオッチしてて、根っこにロック魂が宿ってるし、トークが八方破れ。あのねのねは僕の「ビバカメショー」に来てくれてすごいウケたからおかしさは折り紙付きです。斉藤安弘さんはリスナーの支持が高い。カルメンはディレクターの金子陽彦さんが見つけてきた女の子で最初は覆面DJだった。岸部さんは沢田研二さんがいたザ・タイガースのメンバーで弁が立つ。

みんながヘンテコな個性で面白い。あのねのねの後を受けた毛利久さんは豪華な番組になりました。実はこの人、東芝レコードの極めて優秀なプロデューサーさんで、越路吹雪さんのショーを演出した才人。オールナイトへ阿久悠さんと三木たかしさんを招いて社歌や校歌を作ってもらったりしてね。デビュー時の荒井（現・松任谷）由実さんが校歌がないという分校のリスナーに応じて「瞳を閉じて」をプレゼントしたのも、その頃です。

## ■二部制導入、七〇年代の第一黄金期

新スタート当時のディレクターは、チャレンジ精神旺盛だった鈴木隆さん、ファッション・音楽など流行に敏感だった金子陽彦さん、二代目チーフの中川公夫さん、登山が趣味の松田滋夫さん、いつも冷静な三谷清さん。それに幸俊二さんと市川光興さん、そして私・

亀渕という面々。パーソナリティたちと膝詰めで企画をよく話し合ってました。互いの性格まで理解していくのも大事なこと。僕もみんなと喋って喋って、面白いことをやろうとしてました。

二部制を導入した七四年からは海援隊や吉田拓郎さんが出てくれた。当時、信じられないことにフォークやロック歌手はテレビに出なかった。アーティスト側も「曲をカットされてしまうテレビなんか出たくねぇぜ」と思ってたのでラジオを大事にしてくれた。

パーソナリティによく言ったのは「普段の喋りは面白いけど、そのまま放送でやらないでね。大事なところだけは工夫して話してくださいよ」って。話題が十あるけど、本番ではダメだったということは頻繁にあります。いざ喋ると人間はいっぱい、いっぱいになるんです。十の中の二つくらいで放送は充分。そこを膨らませるのが面白い。

才能あるパーソナリティとの出会いもありました。

タモリさんは、第2章で紹介するディレクターの岡崎正通君が頑張ってくれたので大反響でした。まだ「笑っていいとも!」の前で知る人ぞ知る頃のタモリさんです。

同じく、所ジョージさんも面白かったな。オーディションに来たときのことをよく覚えてる。宇崎竜童さんにそっくりな面白いヤツがいるってことで来たんです。所さんはチラシの裏に喋る内容を書いてきててね。見た目は暗いけど、マイクの前に立つとパーッと明るくなって、「あ、この人はうまくいく!」と確信したのを覚えてます。

当時、私が番組を盛り上げるためにパンツ一丁でニッポン放送の外を走り回った伝説が残ってますけど、隣が丸の内署だからそれはムリです。だけど、誰かスタジオ内でやったかもしれない。チーフディレクターとしてバカをやるのは奨励してました。

番組の面白さはスタジオの熱気と比例します。だからいかに盛り上がるかを四六時中考えてましたね。パーソナリティを選ぶ基準も「いかに盛り上がるか」が大事でした。で、盛り上がるにしても、スタジオ内でワーワーやってるだけではダメ。リスナーを巻き込めない騒ぎはつまらないわけ。だからハガキや電話を効果的に使うことを心がけていました。音しかないからイメージを働かせること。何が起きてるか想像させて笑わせるんです。これがディレクションの要諦だったし、他の仲間にも徹底してもらいました。

## ■二十四時間、面白いことばかり考えていた

七〇年代に制作部にいた頃は一日二十四時間、ラジオで面白いことができないか、誰か変な人がいないか、ずうっと考えていました。

パーソナリティが育っても、人気が出たらラジオを去って他のメディアで活躍しちゃうわけです。次を常に考えてなきゃいけない。だから人材探しは必須だった。ライブハウス行ったり、演劇を観に行ったり。

深夜放送はサブカルチャーの触媒であるべき。だから、歌や芝居やお笑いを探しては絶好のハブになれないかと構えておく。プロモーションすることでリスナーも獲得できて、ビジネスとしてウィンウィンになる。ただあくまでもディレクターは黒子ですけどね。ディレクターとしては誰かがやってるのとは違うことをやる矜持を持っていたい。オールナイトでの私の鉄則は三つ。

一つは「人の真似はしない」。

二つ目に「人の真似はできる限りしない」。

三つ目が「人の真似は、うんと苦しくなったらするかもしれない」というもの。バカだけど本気です。

若いリスナーを獲得した際に気づいたのは、人間の声って、コミュニケーションの中でも最大で、最高の手段だということです。

声をツールにしたラジオは一番シンプルで貴重なものです。ある女性が、「自分は東京に出てきて一人暮らしをしている。夜、テレビのバラエティ番組を見ていると、すごく楽しいけど、スイッチを切っちゃうと急に部屋の中がシーンとして寂しくなって、泣きそうになっちゃう。でも、ラジオは、人の声がしてあったかくていいよね」と語っていました。これがリスナーを得られた要因の一つだと思います。

## ■ディレクターによって五十五年続いてきた

オールナイトが五十五年続いたのは、時代とともに生き延びた結果であり、YouTube とは違う個性が今もあるってことだと思う。その個性を育んだのは歴代に優秀なディレクターたちがいたからですね。これはパーソナリティ以前の問題です。絶対そうなんです。

次章から僕が聞き手になってディレクション術を伺う岡崎正通、宮本幸一、森谷和郎、松島宏の四氏は、オールナイトを五十五年続けられた才能の代表格として、私が独断で選んだディレクターたちです。岡崎さんは、私の次のチーフ・中川公夫さんの次のチーフで三代目。そして、宮本さん、森谷さん、松島さんもチーフ。松島さんは今でもオールナイトニッポンを含めいくつもの番組でキューを振っている現役ディレクターです。

彼らのひらめきはスゴいんです。その感覚は、どこで醸成されたのか、僕はニッポン放送にいた頃にも訊けなかった。会社にいると、大事なことは聞き漏らすもんです。

彼らの入社の経緯に秘密があるかもしれないし、働いた部署で育んだのかもしれない。それが合体して「ニッポン放送文化」みたいなものを形成したんじゃないかな。

自分が面白いと感じたことを志と覚悟をもって実践した彼らの話から、オールナイトの色褪せない魅力やラジオ文化の素晴らしさを知ることが出来たらいいなと思います。

それじゃあ、いってみよう！

第2章

# 岡崎正通
# 何でもありのジャズ感覚

岡崎正通（おかざき・まさみち）　本名：近衛正通（このえ・まさみち）
一九四六年東京都生まれ。早稲田大学政治経済学部卒。一九六八年ニッポン放送入社後、夜の時間帯を中心に多くの音楽番組制作に関わったあと、七六年九月から「オールナイトニッポン」チーフを担当。編成局編成部長、経営企画局長、デジタル事業局長、常務取締役、監査役などをつとめて二〇二一年六月に退任。ミュージック・ペンクラブ・ジャパン会員。

**亀渕　岡崎正通さんは中島みゆきさんの初代ディレクターであり、チーフとしてタモリさんやビートたけしさんを起用するなど、パーソナリティを発掘する腕はピカイチです。私はオールナイトのヒットメーカーと思っています。音楽への造詣も深く、大、大、大尊敬しております。ニッポン放送のディレクター中、屈指の知性派の岡崎さんが何を考えていたか、是非とも教えを請いたくてトップバッターとして登場と相成ります。それでは初めに岡崎さん的ラジオ事始めを伺います。**

## ■入社のきっかけはコルトレーン

ラジオとの出会いは中学に入ったあたりからでしょうか。親から買ってもらったトランジスタラジオは茶の間を離れたパーソナルな存在で、自分に新しい世界が開けたみたいな気持ちになりましたね。

それで音楽をたくさん聴くようになったんですが、もっぱらヒットパレード番組が主でした。とくに洋楽は雑誌で情報は得られるけど、ラジオじゃないと直に曲へ触れられないですからね。「S盤アワー」とか「L盤アワー」、「P盤アワー」などという番組が各局にあって、聴きながらランキングをノートにつけてました。どこにでもいるような、いわゆるポップス小僧だったんです。

その頃はニール・セダカ、ポール・アンカとかコニー・フランシスが大ヒット歌手でした。そんな中で夢中になったのが、トリオ・ロス・パンチョス。中学二年で初めてコンサートに行ったラテングループです。ラジオのベストヒット番組ではハワイアンやタンゴまで雑多にかかりましたから、ラテンもジャズやアメリカン・ポップスにまじって流れてました。で、六二年三回目の来日時、パンチョスが解散するって発表があったんです。心のなかで泣いちゃいましたね。でも、彼らはすぐに再結成して、シレッとコンサートをやってましたけど（笑）。あと洋楽に強いラジオ関東をよく聴いてました。中でも夜十一時二十分からの「ポート・ジョッキー」と、その後の「素敵なあなた」から「ミッドナイト・ジャズ」まで流れのままに聴いていたんです。

高校生になったあたりからジャズ喫茶に入りびたって、いろんなジャズを聞きあさりましたが、とくに惹かれていったのが、マイナーでしたがフリージャズ。未知の驚きがありました。最たるミュージシャンがオーネット・コールマン。今でも大好きですよ。

そして、大学の頃にはジョン・コルトレーンがフリージャズの旗手として先鋭化していたんです。亡くなる一年前の六六年の夏に、最初で最後の来日コンサートを大手町サンケイホールと東京厚生年金会館で開きました。これは最大の衝撃でしたね。本当にコンサートの時に立って聴いたのか、座ってたのかも覚えてないんです。それが二時間以上続き、こちらも燃えつきました。

そのコンサートの音が三ヶ月しても頭から離れないわけです。レコードにも、似たような音はない。コルトレーンは毎回新しい試みを演奏するからレコードだって追いつかないのですけれど。

そうこうしていた大学三年生の秋です。音楽イベントを手伝ったのかな、広告をいただくためにヤマハの事務所へ行きましてね。ヤマハの人と話をしてると、「ウチを受けたら？駄目だったらアルバイトで使ってやるから、ともかく来なよ」みたいな誘いを受けたんです。就職を真剣に考えてなかったんで、これはいい話だな、とその気になっていました。

ところがその年の、十二月三十一日です。友だちが運転する車に乗っていて、夕方六時過ぎ頃かな、浅草のあたりを走ってました。その時に軽い気持ちでラジオをつけたら、ウワーッと凄いフリージャズが流れてきたんですよ。これは一体何だ？　どうもコルトレーンの演奏じゃないのか、と。

長い演奏が終わると拍手が聴こえてくる。するとアナウンサーが「ジョン・コルトレーン、今年七月の日本公演から『Peace on Earth』をお送りしました」と告げた。えーっ。あのライブは録音されていたんだ！　と驚いて、局を確かめたらニッポン放送！　その年の来日アーティストを特集した年末特番だったんですね。その瞬間「あ、このテープがあるところに就職したい。一度でいいから、このテープを拝んでみたい」と。大げさでなく、人生が変わった一瞬で、その時の風景までよく憶えています。

## ■ジャズ好きラジオマンの修業は朝番組

まずニッポン放送に入社したら、「あのコルトレーンのテープを」という気持ちでいっぱいでした（笑）。だけど、僕は右も左もわからない新米でしょ、そんなマスターテープを探すわけにいかない。部署は放送部という、番組やコマーシャルの音を時間通りに送り出す技術的なところです。

新人時代は夜番で夕方六時から翌朝の十時までの勤務でした。その間、オールナイトの時間帯は休めるんですね。たまにスタジオを覗きに行くと、中に入れてくれない。厳しく「触るな！　来るな！」と叱られるんです。オールナイトがダメならと、ちょっと資料室へ忍び込んでみたんです。すると、簡単にコルトレーンのライブ音源、十二インチのリール三本が見つかりました（笑）。

で、人のいない時間に聴いて間違いないか確かめました。ちなみにその後、七三年にアメリカのＡＢＣのジャズ部門の方に、その音源を確認してみました。すると、コルトレーンの妻のアリスが驚いて、「なんでこの音があるんだ？」と。公演全時間が収められてますからね。結果、このテープはレコードとして世に出ることになったんです。何度もＣＤでも再発されて、今でも世界中でリリースされています。

放送部には一年半在籍していたんですが、やはり音楽が好きなので、制作をやりたいと言い続けていました。それが誰かに聞こえたのか、矢野さんという放送部の部長に呼ばれて「君、一本番組を作ってみないか」と言われました。ストップウオッチと、「三種の神器」の黄色いマーカーとハサミとスプライシングテープを渡されました。内心、驚きだけでしたね（笑）。何にも知りませんでしたから、番組作りは……。

作ったのは朝五時から二十分間の「朝のしおり」という番組でした。いきなり、すべて一人で考えなきゃいけなくなった。まず、喋るのは局のアナウンサー。それで、朝一番の放送なのでグリーグの「朝」をテーマ曲にしたんです。曲がかかる前に小鳥のさえずりを流しました。新人ディレクターのささやかな一工夫ですね。たどたどしく制作したけど、ものすごく嬉しかったですね。自分らしさを出せるのは選曲だなと考えて、懐メロと新曲を組み合わせて流そうか、とか。それをオールナイトの金曜で喋っていたアナウンサーの梶幹雄さんが「選曲のバランスがとてもいいね」と褒めてくれたんです。とっても嬉しくて舞い上がった記憶があります。

新米時代の周りのスタッフはエキスパートの方ばっかりだった記憶があります。ＮＨＫ出身の方が多くて技術、ドラマ、アナウンサーまでプロ意識の塊みたいな先輩がいらっしゃった。中でも上野修さんというディレクターが厳しい人でした。「朝のしおり」の後、上野さんの下で随分番組をやったんです。いつもダメ出しを食らいましたよ。だけど、仕事を任せてくれるんですね。

「ここのコーナーは君が作っていいから好きにやって」

そう頼まれてプランを出すと、

「それ、普通のディレクターが考えるものだろう？　こんなもんダメだよ」

と、突き返されるんです。新人に厳しくて、仕事で芽がないと見たら喋らなくなる。そういう先輩が上にいると仕事も覚えていきます。

### ■思ったことをやれ、失敗を引きずるな

制作部に移ると亀渕さんが「ザ・パンチ・パンチ・パンチ」を手掛けてて、僕は「ナベサダとジャズ」っていう番組をやることになりました。ある日、上司から「君、アドリブ、編集できるの？」って訊かれて、ついつい「出来ます」って答えちゃった。内心では「大丈夫かなあ」と思ってましたけど。

その「ナベサダとジャズ」という十五分番組ですけど、生演奏の曲を十分ぐらいに収めなきゃならない。ところが、ジャズってアドリブ主体の音楽だから、平気で演奏が十二分とか十五分とかになっちゃうんです。だから、その分をカットしないといけない。そうい

う細かい芸当を実践して学びました。

七〇年にはニッポン放送ではない、開局したばかりのＦＭ愛知と大阪、福岡の番組で「ヤングサウンズステレオ」というのも任されました。ＤＪがミュージシャンでありつつレーサーと多才だった三保敬太郎さんで、喋りもユニークな方でしたね。基本的に流すのは洋楽です。毎日、二時間ディレクションするのは大変でしたけど、勉強になりましたよ。三保さんが、「僕のところに来ている学生を手伝わせていいかな？　勉強になるから」って連れてきた学生の一人が佐藤輝夫君だったんです。音楽番組の名手になり、桑田佳祐さんの番組などを手掛けたあと、制作会社「シャ・ラ・ラ・カンパニー」を立ち上げて多くの番組に携わることになります。もうひとりが74年にオールナイト一部のパーソナリティをやりながらパシフィック音楽出版（現在のフジパシフィックミュージック）に入って役員になった及川伸一君でした。

＊

もともと、オールナイトという番組はディスクジョッキーが音楽を紹介するというものでした。ですので、私や岡崎さんが手掛けた頃も楽曲というのは非常に大事で、そこからヒットを生むということは無上の喜びになったんです。今でもアメリカ・ヒットチャート市場はラジオ発の楽曲が賑わいを見せています。ラジオからヒット曲を生む流れは、ラジオマンの望むところなんです。

七〇年代、番組に携わっていた頃に一番嫌だったのは、我々の「推し」ではなく、プロダクションやレコード会社のパワーバランスに左右されて、かける曲を決められちゃうことでした。ラジオ局はリスナーから送り手まで自由を確保し、力関係と無縁であるべきと思うんですよね。でも、局員時代、だんだんと外部の力に曲選びや起用まで押し切られていく流れが出来ていて、どうやって対抗すべきか考えざるを得なかったんです。

＊

僕がオールナイトのチーフになった76年、羽佐間さんがスタッフを集めて言ったことを覚えています。「ちょっと話しておきたいことがあるんだ」と言われて八階の第二会議室に行きました。羽佐間さんの言った趣旨はこういう感じでした。

「君らはとにかく新しいものを作れ。全部任せるから。やってダメだったら、どんどん変えろ。失敗を引きずるな」

最後に「新人登用も恐れずやれ。パーソナリティが育てば番組も大きくなるんだ」とも付け加えられました。

その時、僕なりに考えましたね。なるべく人口に膾炙《かいしゃ》してない人材を起用したいな。タレントバリューに負わないほうがいいな、と。世の中には、いろんな人がいます。音楽だけでなく、文学でも政治でも報道でも、未知の人を探し出して活躍してもらう。そういう気概が、ニッポン放送制作部に漲《みなぎ》っていたような気がします。

そういう気概は人材探しだけに留まってないかもしれませんね。番組作りにしても何でもありみたいな。僕の考え方は、きっとフリージャズから得たものが大きいんです。で、素敵なのは周りはそんな僕を否定しないし、僕も同じく他の人と結びつく。そんな集合体がニッポン放送の歴史になってるんでしょうね。

## ■異能の人、森田一義を電波に乗せるまで

タモリさんとの出会いは、プロデューサーの中川公夫さんに「ちょっと一枠やって」と頼まれたことに始まります。「高《こう》信太郎っていう漫画家がいて、ちょっと面白いから、君やってくれないか？」と、中川さんは言ったのかな。

それで七五年の七月に始まる高さんのオールナイトをディレクションすることになりました。パロディ漫画で評判の高さんは演芸にも詳しくて、テレビのバラエティ番組のアドバイザーでもあったんです。

同じ頃にタモリさんは福岡から上京して赤塚不二夫さん宅に居候《いそうろう》として起居しながら、新宿の「ジャックの豆の木」で大騒ぎをやっていた。その場に高さんもいらしたんですよ。で、オールナイトが終わって、夜中の三時過ぎに高さんが第五スタジオの廊下にあるパイプ椅子に腰掛けて一服してましてね。僕も傍に行って、「お疲れ様です。最近、何か面白いことありました？」と訊いたんです。

「そうそう！　僕の行く店に九州から出てきた変なやつがいてね。彼、中国人のインチキ

なモノマネをやるんだけど、めっぽう面白いの」

僕は何となくですけどピンときた。

「それ、早稲田の人じゃないですか？」

「そうだよ、早稲田にいたって」

「ひょっとして森田って名前では？」

「何で知ってるの！」

タモリさんは早稲田のジャズクラブで僕の一学年後輩で、年賀状のやり取りくらいはしてたんです。何となく、高さんの話から、タモリさんの上京のことを匂わすようなハガキを思い出したというか……で、さっそく連絡先を訊いたんですよ。電話をかけてみたら、

「もしもし、赤塚です」と、彼の声。

「タモリ？」と僕。

そこからは昔なじみの話になって、会社に遊びにおいでよということになった。

タモリさんが来たらすぐに第三スタジオでデモテープを録りました。オーディションというノリじゃなく、軽く持ち芸とかお喋りをマイクの前でやってみない？　みたいな感じ

でしたね。

普通ならラジオ局のスタジオでマイクを前にしたら、自己紹介して始まるものなんですけど、彼は全然違ったんですよ。開口一番、「えー、本名は森田一義と申します。戒名は……。生い立ちは謎に包まれておりまして……」と喋り始めた。その後、ずうっと面白かった。テープを十五分にまとめてみましたが、中身が風変わりで、ブラックジョークも多かった。だから、とてもじゃないけど電波に乗せられない（笑）。

それからオールナイトに登場するまで一年あるんですが、私としては彼を放送に出してみたくって。で、高さんのオールナイトに潜り込ませようと考えました。ゲストにアグネス・チャンを迎える回、当時アイドルで人気だった彼女のファンを名乗るモリタという謎の人がいる、という設定にしたんです。高さんはタモリさんを知ってるけど、アグネスは知らないわけですよ。

「アグネス、君の大ファンがどうしてもサインがほしいってスタジオまで来たいと言ってたんだ。それは断ったよ。でも、電話で話したいというので……」

と、頼んだんですよね。アグネスは快諾してくれて、謎の中国語を喋るモリタ氏と会話することになった。北京語で挨拶する彼女に対し、マシンガンみたいな速さで応じるタモリ流中国語なんです。

「ウォーチェン、サイツェンハイア、アー！　ホアイニ、ウェンツン（私はあなたのファンで、こうして話せて嬉しい）」

みたいに喋るんだけど、アグネスは全然わからず爆笑してるだけ（笑）。

その放送を新人の私にダメ出しを毎回してきた、先輩ディレクターの上野さんが聴いていたんです。「さっきの誰？」なんて大興奮してくれたのは嬉しかったなあ。それで、七六年の秋に僕がオールナイトのチーフになった時、思い切ってタモリさんを水曜一部のレギュラーに起用してみたのです。

## ■ラジオパーソナリティ、タモリの面白さ

七六年秋に始まった、タモリさんのオールナイトは無名の新人だったにもかかわらず話題沸騰。以後七年間、水曜日の一部を賑わせ続けました。

その年の暮れには山下洋輔さんたちジャズメンと生中継ライブを敢行。放送後半はタモ

リさんのアフリカ民族風コミックソングの「ソバヤ！　ソバヤ」という大合唱がスゴかった。また、大学対抗悪口合戦、架空の大学教授に扮しての講義が抱腹絶倒だった「中洲産業大学夏期講習」など話題に事欠かない、ボルテージの高い放送がリスナーを夢中にさせたのです。

＊

タモリさんの持ち味は権威を斜めから見たり、おちょくって遊ぶような姿勢だと思うんです。

あるリスナーからテープが送られてきたんです。その方は専門機材を持ってるわけではないから、ラジカセで録音編集したんでしょうね。だから音質も悪かったけど、既成のニュースを再構成する切り口が面白い。

ありものを工夫して使うギャグというか、笑いは前例がないわけではないんです。ハナ肇とクレイジーキャッツで植木等さんが歌う「フザケヤガッテ　コノヤロー」というワンフレーズをジングルで何回も再生するとか、欽ちゃんの番組の中の「レコード大作戦」とか。

だけど、リスナーが送ってくれたのはNHKのニュースです。そこに新味を感じて、編集室でテープの間を詰めたり伸ばしたりのメリハリをつけてみました。それを一回、タモリさんのオンエアで流すと大反響だったんです。

「松山市で行われた例大祭に／三万人近くが集まり／各国のミス・インターナショナルを目にした／氏子たちが勇壮に／前を膨らませていました」とか、相撲の取組結果と社会情勢をつぎはぎして「千代の富士、寺尾／汚職事件で／千代の富士の勝ち。北の湖、逆鉾／本日未明に五千票差で／北の湖の勝ち」。

独特の面白さは対象がNHKという権威ある局のニュースだからですね。

ところが、半年経った頃に一本の電話が入ったんですね。実はあるNHKのお偉いさんの息子さんがリスナーだった。息子さんが「お父さん、こんなに面白いことやってるよ」と、無邪気に教えた。放送を聴いたお偉いさんが「なにい！」となり、羽佐間さんへ、「あれ、やめてくれませんか」とクレームを入れたというわけです。それが制作部長だった常木建男さん（註：アナウンサーとして初期オールナイトの金曜パーソナリティも務めた）に下りてきた。制作部長から「やめてくれ」と言われたんで弱りましたね。僕は「あんなに反響があって面白いんだから」って抗弁しました。

「それなら、うちのニュースでやったらどうだ？」

「それは駄目です。NHKだから面白いんですよ」

「いや、君ならもっと面白いのが出来るはずだ！」

となり、その場は「ハイ」となったんですが、翌週も平然と「つぎはぎニュース」を流したんですよ。そうしたら、普段は温厚な常木さんが本当に怒りましたね。机をドンと叩いて、「お前、耳があるのか！　どこについてるんだあ!!!」って怒鳴ったんです。それで、もうコレはダメだとやめることになりました。

兎《と》にも角にも、この一件はタモリさん自身が何をしたというわけではないんだけど、ある種のエスタブリッシュメントに抵抗する個性が備わってる気がするんですよね。のちにタモリさんはオールナイト以外でも、「タモリの美女対談」のコーナーが人気だった「だんとつタモリ　おもしろ大放送！」をはじめ、たくさんの番組をニッポン放送でやりました。タモリさんが一日中ニッポン放送にいることも、よくありました。

## ■公共の電波を楽しむ勇気

僕が新しくラジオで起用したいなと思った方には、「公共の電波で遊んでみませんか?」ってよく言ってました。すると相手の多くが乗り気になってくれましたね。会社的なしがらみもあるし、思うようにいかない時も多かったけれど、心では未知の才能を広めたい気持ちを持ち続けました。だから、タモリさんを起用することが出来たんだと思います。

起用といえば、一つ忘れられない出来事があります。ある時、茶封筒に入ったカセットテープが送られてきた。忙しかったこともあって、机のブックエンドの一番隅に挟んでおいたんです。茶封筒の裏には、「キッチュ」って小さな字で書いてある。はじめは、「何だこいつ」とか思ってました。

それから一ヶ月ぐらい経って、「机を片付けなさい」と部長が声をかけてきたので、片付けにかかったんですが、ブックエンドに挟んだテープを捨てる前に聴いてみることにした。すると面白くてぶっ飛びましたよ。

いきなり俵孝太郎のマネで「十一時五十九分のニュースです」とかいうわけ。「国会で本日の正午をもって日本の標準語が大阪弁になることが決まりました。大阪弁とは……」と喋ってると時報が鳴る。すると大阪弁でニュースが続いていくというナンセンスなんです。そういうギャグ満載なの。

このテープの喋り手がキッチュこと、松尾貴史さんでした。とにかく急いでキッチュを呼んで番組「ラジオショック!うわさのＴＯＰ40」を開始しました。その後、松尾さんに、「すんでのところで私を使っていただきまして」と言われましたが。ホント、すんでのところでテープを捨てるところでしたから（笑）。松尾さんはオールナイトはやりませんでしたけど、プロモーションに来た人や面白そうだなと感じた人を登用していくと、ラジオは自然と楽しいラインナップになるんですよね。

桑田佳祐さんもそうでした。プロモーションに来た時に面白い感じがしたのと、ジャズやブルースが大好きで、そんな話から、オールナイトをやろうよ、と。

中島みゆきさんに関しては、歌手としては知っていても、亀渕さんがＭＢＳ（毎日放送）で喋っている彼女を聴いて、「面白いと思うけど、岡崎君、どうです?」と振ってくれるまで、未知のパーソナリティでした。有名無名ということでなく、世間でミュージシャンとして知られているイメージと違う一面があるならば、そこをリスナーに楽しんでもらうのも大事なんだと感じましたね。番組のノベルティで「中島みゆきの握手券」を作りました。この巻を出されたら、みゆきさんは握手をしなくてはならないんです。最近、アイドルのCDを買うと握手券がついたりしていますが、あれはそのハシリだったかもしれない。

## ■ビートたけしのオールナイト誕生まで

たけしさんが木曜日に登場して世間をひっさらうまで、ダディ竹千代さんがパーソナリティでした。今でも僕はダディさんが大好きですね。かなり面白い方でした。彼は「ダディ竹千代&東京おとぼけCats」というバンドをやってました。渋谷のライブハウス「屋根裏」で、ディープ・パープルの曲から音頭に変化していくみたいな、かなりハイブロウな演奏をしていたんです。

ダディさんをナイターオフ（プロ野球のナイター中継がない期間）の番組「俺たち音楽仲間」で起用して、八〇年三月末からはオールナイト水曜二部、二ヶ月後には木曜の一部に登板してもらいました。八月初めの頃だったかな、「世の中、これはどうなってるんだ」というコーナーにツービートをゲストに呼んだんです。例えば「家の前に一方通行の道がある。でも、途中に反対方向を示す矢印マークが描いてある、コレどうなってるの」という投稿コーナー。それにツービートがじゃんじゃんツッコむと面白いな、と思ったんですね。四月にツービートがレコード「不滅のペインティング・ブルース」を出した時に取材した縁もありました。

まあそれはそれ、ツービートは予想通りに喋ってくれましてね。月末にギャラの支払いがあるので所属事務所だった太田プロへ電話をかけたんです。だけど、担当がお休みで、今でも語り草になっている副社長が電話口に出ちゃった。

「あら、わざわざギャラの支払いの電話なの？　で、いくら？」と、ズケズケ来たんです。

「はあ、三でいかがなものでしょう」

「片手くらいは頂戴な」

「ああ、でもですね、あれはラジオのプロモーション枠ですし」

「ダメよ、ツービートが営業出ると、百はいただいてるのよ」

この時ですよ、副社長の「片手」は五十万か！　ゼロがひとつ違うんだと気付いて慌てたのは。かなりドキッとしたので、窓から見えた曇り空まで記憶してます（笑）。

「さあ、片手は最低よ。どうなの？」

僕もコレじゃ埒《らち》が明かないと思って、「事務所へ伺ってもいいですか」と訊きました。

「いいわよ、いるから」

で、四谷まで駆けつけたら、副社長も多少はご機嫌だったみたいなんですね。こちらがラジオの予算自体が低いことを説明したら、「そちらの五並びでいいわよ」と了承してくれたんです。それでホッと帰ろうとしてドアを閉めようとしたら、背中に「ちょっと待った！」という声がぶつけられた。

「ほら、もう一回そこに座って。ね、ところでオールナイトの枠は空いてないの？」

「ないですね」と、これは僕の領分ですからきっぱり言いました。

「実はTBSからツービートのラジオをやらないかってオファーがあるのよ。だけどさ、同じ局の『パックインミュージック』に星セント・ルイスが出てるし、文化放送じゃ、ザ・ぼんちが『セイ！ヤング』をやってるの。出来たらツービートはニッポン放送でやらせたくてさ」

世は漫才ブームだったんですが、僕にはブームがピンときてなかった。だから枠はないんだし、ＴＢＳで話があるならそれも結構じゃないかと思ったんですけどね。すると、「ウチの娘が中島みゆきのファンでね、おたくのオールナイトを聴いてるのよ。わたしの考えを言うと、娘が『ツービートは絶対、ニッポン放送よ！』というわけ」

これは殺し文句というか、殺され文句でしたね。みゆきさんの放送をディレクションしていたわけですし、オールナイトのリスナーが薦めてるというのは悪い気がしません。だから、ひとまず持ち帰りますと言って帰ったんです。

秋頃にダディさんの枠が続かない感じになって、木曜に空きが出来そうになった。だから「来年一月からなら、どうにか出来そうです」と、また太田プロへ行って副社長に伝えたんです。

「あらそう、じゃあギャラは二百ね」

押しの強さに驚いちゃったですね（笑）。「二百は予算上、出せません、最高でも二十万なんです」

「え？　そんなに安いの……じゃ、百は？」

舌を巻くような名調子でサラリと訊くんですね（笑）。こっちも覚悟を決めて引かないことにしたんです。だけど、海千山千のツワモノ相手に理解を求めるのは至難の業です。窮余の一策で、「一人で喋るのはどうですか」と訊いてみました。きよしさん、たけしさんの名前は出してないんですよ。

「それは面白いかもしれないわね」と、意外なほどの好感触です。

「予算的にも半分になりますし」

「それはダメよ。ふだんは二人で仕事してるんだから、一人でもギャラは同じ！」

その回はそこで帰りました。

社の予算の管理を行うのは編成管理部というところなんです。ここの相沢部長はとてもいい方で、優しく話のわかる人なんですが、ギャラに関しては厳格できびしい。相談したら、やはり難色を示しました。いろいろ話し合ってこちらの妥協点も見つかりました。

最後に副社長も納得してくれました。僕の頭には亀渕さんが「ギャラ交渉は安易に決めるな」と言っていたこともありましたが、たけしさんのオールナイト誕生の、最大の功労者は二人分の予算を出さなかった相沢部長なんだと本気で思っています。

## ■ジャズ的思考で仕事をする

僕が携わった放送は、うまくいったり、いかなかったり、フィフティ&フィフティ。ラジオについて学んだのは、一つは素晴らしい先輩方からの教えですが、もう一つはジャズから教えられたものが大きい。「常識を疑え」とか「形があるものはなるべく崩した方がいい」とか、よく言われることですが、ジャズを聞き込んでゆくと理屈でなく、スーッと入ってきて体の中にインプリントされるんです。

会社へ行くと、さすがに完全にはフリージャズ的な振る舞いは出来ませんよ。だけど、会社の誰かに何か言われても鵜呑みにしない。少し立ち止まって考える。「こうすべきだ」という方程式はないんだから、自分自身のアレンジで仕事をすることが大事なんだ、と。

番組そのものに関しても、ジャズ的な感覚は大事でしたね。ジングルとか音で遊ぶ感覚ね。六九年から四年間やっていた「談志・円鏡　歌謡合戦」という番組があって、あれは立川談志さんと月の家円鏡(八代目橘家圓蔵)さんが完全アドリブで掛け合いを延々繰り返す。

「子は宝！」「エへへ、子どもと言えば、蛙の子は蛙ってね」「帰らないよ、家には。遊ぶ談志は男だね」「じゃあ、談志の子は男子だね」なんていう。掛け合いのテンポが可笑しいんですが、変なのは互いが言い終えると無意味に木魚を叩く。どこが歌謡合戦かというと、そのリズムくらいしかない（笑）。何でもありの感覚の番組に聴こえました。

その残響があったんでしょうね。会社の喫茶室の右の隅に景山民夫さん、左の隅には高田文夫さんが座って打ち合わせしていた。それを見て、不意に喫茶室の隣にある第三スタジオに二人を誘ったんですよ。それでデモ版として二人に喋ってもらいました。聴くと「コレ、『談志・円鏡』の現代版だな」と思った。それが「とんでもダンディー　民夫くんと文夫くん」になったんです。

景山さんも高田さんも早口でしょ、クロストークが多いんですけど、面白かったですね。思いつきも、放送もインプロヴィゼーション（即興）でやってくのは、やっぱりジャズなんです。

## ■うっかりミスは常

こういう風に理知的な岡崎さんですが、じつはうっかりミスもあり、失敗談には事欠かないと頭をかきます。

＊

入社して四、五年かな。新宿のライブハウスが提供してるバンド演奏を録音中継する番組がありました。毎週土曜日の放送です。ここに北陸の人気バンド、「めんたんぴん」が出ることになったんです。夜の六時に開演することになってたのに、ライブハウスの外に出るとお客さんが全然いないんですよ。で、三人くらい集まってたファンが、「日にち違うと思ったんだけど来ました」とか言うわけ。ワッと焦りましたね、私が出した告知日が誤ってたんです。

その日は、めんたんぴんに客なしの演奏をしてもらって録音しました。スポンサーも怒っちゃうし大失敗でした（笑）。こういう失態がけっこうありますよ。

大学を巡ってフォークのコンサートをやる番組でもありましたねえ。七四年頃のことです。ジーンズメーカーがスポンサーで、腰から裾まで十メートルくらいの巨大ジーンズが垂れ下がっているのが舞台の特徴なんですね。

ある回、早稲田の大隈講堂で夏木マリさんといくつかのバンドが演《や》ることになりました。リハーサルをしていると、学生課に呼び出しを食らったんですよ。担当の人が、

「君ね、コマーシャルなんかは、ここではやっちゃ駄目だよ」

と、ツッケンドンに文句を言ってきた。大隈講堂では特定企業の宣伝をやっちゃいけない決まりだったみたいなんです。こちらはそんな事情初めて知ったわけだし、代理店もスポンサーも怒ってる（笑）。

「では最初はジーンズを吊るしておきますが、演奏開始で上にあげて隠します。終演でもとに戻します」

と、善後策を出しました。で、本番、夏木マリさんが歌っていると、上にあげて隠したジーンズの片脚がベロンと落っこちてきちゃった（笑）。留め金が甘かったみたいなんで

すけどね。そりゃもうスポンサーも代理店も大激怒。大目玉くらいましたよ。でも、決してほめられたことじゃないけど、こういうことがあると不思議に度胸がつくんですよ。（笑）

このライブ中継は僕のミスだけじゃなく、ハプニング続きでしたね。七二年、法政大学で演ることになった時は七〇年安保は終わりに近づいていたけど、まだ学園紛争の余燼《よじん》がくすぶってる最中で構内に入るのに四苦八苦だった。一か所しか出入り口がないという、ね。

この時、設立から間もないアルファミュージックの村井邦彦さんがあるミュージシャンと同行していて、「デビューしたばかりの子ですが、ピアノもいいし、曲も素敵なんですよ」と紹介してくれました。バリケードが張られた構内でのライブを演ってくれたんですが、唄も曲も村井さんの言葉通り、素晴らしかった。その方が十四年後にオールナイトでパーソナリティになる、荒井（現・松任谷）由実さんでした。まだレコード発売前の「卒業写真」や「ルージュの伝言」を、ピアノの弾き語りで演ってくれた記憶があります。彼女も、この時のことはよく覚えてたようですね。

## ■何でもありだったニッポン放送

**岡崎さんの話を聞いていると、優秀なディレクターたちは、それぞれ自分の得意分野を持ってるような気がします。本だったり、音楽だったり、演劇だったり。得意分野を深く理解してると、その分野の良さ、岡崎さんの場合はジャズの良さを現場で発揮するんですね。ジャズ人間の仕事観はどうなのか、もう少し伺いたいですね。**

＊

おっしゃるようにニッポン放送は、いろんな個性の集合体。だからディレクターは、それぞれのキャラクターをもっと強く出してもいいように思います。もちろん、それを良しとする環境が必要で、これは上司にどれだけ広い度量があるかということになるわけですが、ニッポン放送には伝統的にそういうDNAがあって、これは他局にはないものかもしれない。だから今もオールナイトが続いているんじゃないかな。あと、個人レベルで言うと、仕事をルーティンワークの流れにしないことですね。いつも、ちょっと何か、これでいいのかなって考えるクセをつけるようなことですね。ちょっとでも自分なりのスパイスを加える。たいそうなことでなくても、みんながそうすることによって、大きなパワーになるかもしれない。

ニッポン放送は編成に重きをおいていて、編成部にはエースの人が集まってる印象でしたけど、そこに遠慮して番組を作るという萎縮した空気は制作部にはなかったですね。みんなどこかおかしなことが大好きで、会社全体がフリーというか。

ニッポン放送は局のPVを二回も作ってます。ラジオばっかりやってるんじゃないというアッピールなのか。一本目が高平哲郎さんに依頼して、フジテレビの横澤彪《たけし》さんが演出。テーマは「いまラジオは燃えている」というもの。真夏の日の朝の三時に撮影のために集められて、丸の内の仲通りで「ウエスト・サイド物語」のダンスの振付をやらされて。最後はラジオを燃やしちゃってました(笑)。

二本目はサルが局を紹介するという、奇抜なコンセプト。ディレクターへのインタビューもサルがやる。で、サルだけでなくワニまで職場に現れた。三人がかりで檻に入れたワニを先導して編成部に連れてきてました（笑）。

ニッポン放送は何をやっても平気だっていう空気があったから、サルやらワニが横行してても、営業が売れ行きを相談してたり、経理も期末で忙しく働いてた（笑）。まあ、「あいつら、何やってんだ」くらいは言ってましたけどね。

編成が毎度、年間のキャッチコピーを立てるんです。「いまラジオは燃えている」みたいなね。他には「かぼちゃ計画　もも計画」ってあったけど、何だか僕らもわかんないんです（笑）。「オモスルドロイカ」というテーマの年もありました。旧ソ連のゴルバチョフが行ってた政策、ペレストロイカが知られてたからなんでしょうけど……ああいう遊びの感覚がオールナイトに息づいていたと思いますね。

# 第3章

# 宮本幸一　思い込みと「推し」の力

宮本幸一（みやもと・こういち）
一九四九年東京都生まれ。東京理科大学工学部卒。一九七二年ニッポン放送に入社。七五年から「オールナイトニッポン」で笑福亭鶴光、あのねのね、中島みゆきを担当。「ヤングパラダイス」などの番組を手掛けた後、編成局長、取締役事業開発局長、専務取締役を務め、二〇一五年退任。ニッポン放送プロジェクト社長に就任後、二一年に退任。

亀渕　ニッポン放送のディレクターの中で馬力と軽やかさで他を圧倒したのが、宮本幸一さんです。いろんな悪ふざけを放送でやって、世間の顰蹙《ひんしゅく》も大いにかったけど、彼の個性の核にあるのは真面目さなんです。しかも人知を超えた異常な真面目さね。笑福亭鶴光さんのオールナイトがバカ受けしたのもその真面目が生んだ成功だと思っています。

宮本さんは上司だった私に、ハダカの女の子を放送に出したいからって許可を得に来た。そんな彼へ「いちいち来たら、こっちはダメを出すに決まってるだろう、責任取るのはこっちに任せとけばいいから黙ってやれよ」と説明したのは一番の懐かしい思い出です。

## ■深夜放送は孤独感を癒やしてくれた

僕は小学校五年くらいにラジオを聴き始めたんです。アメリカン・ポップスが好きで、当時はコニー・フランシスとか徴兵後のプレスリーが健在だった。中学になった時にビートルズですよ。これは衝撃でした。ラジオ＝音楽で、曲を聴きたいからラジオのスイッチをひねるわけです。

よく聴いていたのが高崎一郎さんの「ベスト・ヒット・パレード」。ビートルズの新曲が出るたびにエアチェックを欠かさない少年でした。その際は東芝のカレッジエースというテープレコーダーのマイクをラジオの前に置く。そんな時代ですよ。

そうやってラジオと音楽が生活の一部になった頃、受験期を迎えるわけです。そのタイミングと深夜放送開始が重なった。土居まさるさんの「真夜中のリクエストコーナー」、略して「真夜リク」って番組を愛聴してましたね。それとＴＢＳの「パックインミュージック」の木曜、野沢那智さんと白石冬美さんの「ナチチャコパック」は大好きでした。

本当に深夜放送は受験勉強の傍らで励みになりましたね。どこかに自分と同じく起きてるやつがいるんだっていうのは嬉しかった。同じ時間と空間を何か共有してる連中がいるのは孤独感が癒やされるっていうか。深夜放送の良さは、見も知らぬ仲間と番組を共有してる感覚にあったと思います。

好きだった「ナチチャコ」は当時からスゴい人気で、野沢さんや白石さんがやたら番組中に「熊沢さんが睨んでるよ！」とか「笑ってるよ、熊沢さん」なんて、ディレクターの名前を呼ぶんですよね。こっちは放送の舞台裏を知った気になったから、「なんだかディレクターって面白そうだな」と意識に刷り込まれ、将来の淡い希望になったんです。

だけど、親父が電気関係の会社を経営してたもんだから、うっかり東京理科大学に進学しちゃった（笑）。理工系にいるんだけど、やっぱり音楽が好き、ラジオが好きなもんだから「ディレクターになりたい」と就職時に考えたんです。

本当のことを言うと、いざ入社試験を受ける段階になったら、「やっぱりテレビだよな」と迷いが出ちゃった。だけど、僕が入社試験を受けた一九七一年って、民放テレビはテレ朝（当時は日本教育テレビ）以外、新入社員の募集がなかったんです。とくにコネクションがあるわけでもないので、幸か不幸かテレビへの道が閉ざされたわけです。

で、ラジオはニッポン放送と文化放送が募集をかけている。「フレッシュ・イン東芝ヤング・ヤング・ヤング」や「ザ・パンチ・パンチ・パンチ」とかのリスナーだったので、よし受けようと決めました。とはいえ、理系大学だから一般職の募集がない。ニッポン放送の放送技術しかないけど、「入っちゃえば何とかなる」と受けてみたわけです。僕は楽観主義者で、この時もあんまり考えもせずに受験したんです。

この試験の競争率がスゴかった。二百人は受験してたのに、会社が採用するのは二人だけ。率として百倍じゃないですか。コレに運良く受かりました。

## ■技術畑から番組制作へ

一九七二年四月に入社したわけですが、部署は放送技術。ちゃんと技術職を全うすべきなんですが、僕はディレクターを目指してる。だから四六時中、「俺は制作に行きたいんだ」とアピールし続けてたんですよ（笑）。

年に一度かな、会社で身上調査ってやるんですよ。そこに僕は「制作に行きたい」って毎回書いてね。たまたま放送技術にいた制作畑出身の矢野さんって部長に「自分を制作に行かせてください」って直談判しました。猛アピールを繰り返しましたね。

ニッポン放送は外国人タレントのコンサートを頻繁にやってましてね。そのたびに制作のフロアに遊びに行く。で、アピールついでにチケットも貰ったりしてた。しつこく、制作部行きを希望してたら、道が拓《ひら》けてきたんですよ。制作部で「放送技術に変なやつがいる。用もないのにスタジオに来ちゃってるの」と話題になってね（笑）。チック・コリアが局に来た時にアルバム持って、ディレクターへ「サインもらいたいんですけど、いいですか？」ってお願いに行ったりしてたんです、それを面白がってくれたんでしょうかね。で、やっと七五年に晴れて制作部に移ることが出来たんです。

**■オールナイト担当は一国一城の主!**

**制作に移った宮本さんはアシスタントディレクターとして、音楽番組「日立ミュージック・イン・ハイフォニック」、企画モノ中心のバラエティ「たむたむたいむ」、トーク番組の「あおい君と佐藤クン」などを担当していきました。**

**オールナイトでは二部、ドジタツの愛称で知られたアナウンサー、田畑達志が担当する水曜日に携わりました。当時の現場は宮本さんにどう映っていたんでしょうね。**

*

オールナイトの何が素晴らしいかって、一国一城の主になれる感覚なんだなって思いましたよ。他の番組はチーム制だから、スタジオにチーフがいて、ディレクターがいて、アシスタントディレクターもいる。だから、自分の思う通りにはならないんです。

だけど、オールナイトは深夜だし、そもそも局に人がいない。担当のディレクターに一任されてるし、チーフがいてもスタジオにはほとんど顔を出さない。で、技術の他のスタッフもいないから、「これはスゴいぞ」と感動した。

で、僕は制作のノウハウがまだ充分わからないまま、オールナイトで同期入社のドジタツの番組を受け持ったんです。この時は「ホントに朝三時からで、社内では誰も聴いてない」とビックリしましたね（笑）。それから三ヶ月くらい経ってからかな、笑福亭鶴光さんのオールナイトを引き継ぐことになったんですよ。土曜夜の鶴光のオールナイトはナンバーワン番組ですからね。気合い入りました。

## ■鶴光のオールナイトを担当する

土曜パーソナリティとして約十年活躍した笑福亭鶴光さん。彼はすっごく人柄がよかった。ディレクター泣かせのパーソナリティもいましたけど、鶴光さんは協力して番組を盛り立ててくれる人。課題やテーマを振ると、それに応えて良くしてくれるタイプの理想形なんです。そんな鶴光さんとタッグを組んだ宮本さんはどう仕事をしていったんでしょう。

いろんなパーソナリティがラジオ史の中で生まれてきたけど、多分エロを笑いに本当に昇華させる人は、鶴光さんをおいて他にないと思いましたね。

＊

鶴光さんは自分のことを一度だけ喋ったんですが、そのネタはペットのサルについて。サルが家でボヤ出しちゃったらしい。その名前がサルの三吉っていうの（笑）。公私の私の出し方、「飼いザルに家を焼かれちゃう」って話に思わず噴き出しました。自虐ネタでも人を笑わせたいという鶴光さんのスゴさを感じましたよね。

で、土曜の鶴光さんを担当するということは一部と二部をぶっ通しでやるということなんですよ。前のディレクターが鈴木隆さんで、先輩からバトンタッチという格好になりました。もう既に鈴木さんの頃、人気コーナー「鶴光のミッドナイトストーリー」で一世風靡してましてね。エロな朗読ドラマかなと思ったら、全くカンケーないというオチがつく。二時の時報と同時に始まるという見事な（？）コーナー展開でした（笑）。

正直、そんな人気番組を引き継ぐ段になって、誇らしいけど、どうやって更に面白くしたらいいか意識しましたよね。レーティングに関しては全く意識してはいませんでしたけどね。反響が大きい一等賞の番組のレベルを維持して伸ばすというのは考えた。

鶴光さんのオールナイトは、土曜日の一時から五時までなので必ずしも若いリスナーばかりじゃない。むしろ大人も聴いてる。その感覚は大事だと思いました。

極端なことを言うと、あえて若者に向けて送るより、たまたま起きてる一般のリスナーに向けて鶴光さんに喋ってもらおうと考えました。不意に聴いて「面白いじゃん」とウケてくれたほうが波及するんじゃないかなって。もちろんコアは若い人、十代なんだけど、でも大人が聴いてもバカバカしいけど許される放送を意識しました。

例えばハガキを読む時に、高校生や中学生、特に中学生のハガキがたくさん来るんだけど、年齢は読まないようにしてたんです。大学生のリスナーが聞いたとき、「なんだ、これ中学生が聞いてるのか？　ジャリ番組じゃん？」と思われるから。年齢層をリスナーに読まれないのは大事なんです。幅広く聴いてもらえることに注意を払いましたね。

## ■「なんちゃっておじさん」をブームに

七七年だったかな、大先輩の上野修さんから「宮もっちゃん、なんちゃっておじさんって知ってる？」って聞かれたんです。その話を聞いて「コレはいける！」とピンと来ました。同時期、オールナイトの前の時間の帯番組「たむたむたいむ」宛てにも一通のハガキが来てたんですね。

山手線の車内でブツクサ喋ってるおじさんがいた。周りの人たちはメーワクな感じで引いちゃってる。で、おじさんの前に立ったヤクザ風のあんちゃんが「うるせえ、この野郎！黙れ！」って凄んだ。すると、おじさんが「わーっ！」って泣き出した。慌てたあんちゃんが、「何も泣くことはねえじゃねえか」って困っちゃってね。次の駅で降りて行っちゃった。その途端におじさんが「なーんちゃって」と顔を上げたという。

番組で鶴光さんが「なんちゃっておじさんを見つけたら、ハガキを送って」と言うと、翌週からドバっと目撃談が届いたんです。「町外れで踊り狂ってるおじさんがいた」や「風呂屋に行くと大きな湯船と小さな湯船の間を谷渡りしてるおじさんがいた」とか、全国の変なおじさんが次々と紹介されたわけ。

その盛り上がりはワイドショーや週刊誌まで飛び火して「なんちゃっておじさんはどこに？」みたいに特集されましてね。ひどいのは、当時、ルームランナーが健康器具でヒットしてたんですけど、そのメーカーがなんちゃっておじさんへ「コマーシャルに使いたいので相談がある」って新聞広告を打ったりして（笑）。小島一慶さんや若原一郎さんが便乗レコードまで出しちゃったのも笑いましたね！「なんちゃって」はブームもブーム、流行語になりました。

同時進行で番組へどんどん「おじさん」ネタが届くので、一冊にまとめて『元祖ナンチャッテおじさん』という本を出しました（笑）。これも売れに売れたものだから、僕らもノッてきちゃった。

二匹目のドジョウを探すじゃないですけど、関西圏では「口裂け女」が話題になり始めてました。で、こんな話を耳にしたんですよ。真夜中に駅前商店街の店の前で佇んでいる謎の男がいた。雨も降り始めているのに男は微動だにしない。気になって傍に寄ると、男がおもむろに振り返り「この店、開くの十時か（悪の十字架）？」と言ったという（笑）。

僕は「よし、それいける！」と、鶴光さんに話して募集をかけました。コーナーも名付けて「驚き桃の木びっくり話」。すると来るわ、来るわ。寝坊した子が茶の間に行くとちゃぶ台にポツンとお椀だけが置いてあった。その子は恐る恐る座ってみた。「今日、麩《ふ》の味噌汁（恐怖の味噌汁）か！」。こんな単純なネタをおどろおどろしい曲をかけながら、立て続けに紹介しました。

リスナーの子どもたちがノリノリなんですよね。面白いダジャレ・ホラーを送ってきてくれるんです。「乾電池を抜く（噛んで血を抜く）話」とか。鶴光さんもマジで「怖ッ！」とリアクションしてくれるから大笑いです。この一連の投稿もまとめて本にしました。

こういった仕掛けは番組の刺激になるし、やっぱりヒットすると面白いですよね。僕も快感を覚えたから、次は何をやろうと考えるようになっていた。その癖が抜けなくて、オールナイトを離れた後に三宅裕司さんの「ヤングパラダイス」で「恐怖のヤッちゃん」とかを仕掛けたんですよ。

## ■山のようなハガキを五時間かけて読む

鶴光さんの放送で実感したのは、オールナイトという場所だと「やり放題が可能」なんだということです。ニッポン放送の中でも特異な番組でしたよね。

鶴光さんはディレクターを登場人物の一人としてネタにするのも巧みでした。初代ディレクターの鈴木隆さんは、いつも「鈴木！　お茶持ってこい！」と言われてたから、番組内で「お茶くみ鈴木」とリスナーから親しまれてました（笑）。私の場合も「宮本！　お茶持ってこい！」の一言でCMにストンと入る。見事に捨てゼリフに使われてましたね。

そういう裏で必ず続けていたのはハガキ読みの作業でした。毎週、鶴光さんへのハガキが紙袋六つ分はゆうに集まってくるんです。まさに机の上にハガキの壁が屹立《きつりつ》してました。

土曜の夕方から午後十時まで、僕はそれを片っ端から読み始める。そこから面白いのを選び出し、採用不採用を分けていく。場合によっては赤を入れてネタを面白くして整えたりもしました。この時間がたまらなく楽しかったです。

ハガキでコーナーの鮮度もわかりましたね。「あ、量はあるけどネタが笑えないのが増えた、ピークだからコーナーを刷新しよう」みたいに、惜しまれながら終わることも出来ました。

## ■アポ無し企画を七〇年代でやった

宮本さんが担当したパーソナリティで鶴光さんに並ぶ面白さを発揮したのが、清水国明、原田伸郎のあのねのねです。お二人とも、京都産業大学で笑福亭鶴瓶師匠と落語研究会にいたお笑い好き。

フォークソングブームの中、七三年に「赤とんぼの唄」で一世風靡したんです。「赤とーんぼ、赤とんぼの羽をとったらあぶら虫」と聴けば、思い当たる方もいるでしょう。鶴瓶師匠によると、もとは砂川捨丸・中村春代の漫才から材を得たそうですが、発売されるや大ヒットしました。驚くのは引く手あまたのブレイク期、二人は大学生だったんですよ。だから七五年、学業専念のためにオールナイトを一時休んだこともあります。

僕が彼らを強烈に記憶してるのは、朝の山手線を大パニックにした事件ですね。七三年の十二月、二人は番組で「朝の山手線に乗る」と発言して、新橋駅から内回り始発に乗り込んだ。そうしたら、リスナーがどんどん集まって車両がパンク状態ですよ！　群衆が二人を追いかけて、命からがら逃げたという逸話があります。

＊

七六年の秋だったかな、鶴光さんを担当しながら水曜日の一部を持つことになりました。それが、あのねのねの二人なんですけど、やはりディレクションしていて面白かった。

僕は担当になるなり、どうやって仕掛けようかなあと思ってました。彼らは山手線の騒動以外にも時報クイズ（註：午前二時に三つの時報音を鳴らし、本物を当てさせた）や警視庁へ「これからスケベなことを喋りますので、逮捕してください」と事前に自首電話したり、ヒドい活躍ぶりだったから。

ちょうど田中角栄さんと在米航空会社の癒着を問われたロッキード事件が毎日マスコミを賑わせていました。世の中はマジで怒っているけど、僕としては「コレはいける」と閃《ひらめ》きました。あのねのねの二人がロッキード社に生電話をかけようということになったんです。今で言うアポ無し企画です。時差があるので、日本の深夜番組としてはやりやすいんじゃないか、と。ロッキード事件関連で直撃電話じゃ、つまらないので、「飛行機を買いたい」って話にしたんです。

この頃、彼ら二人は突然の活動休止やらツアーやら、周りを気にしない感じで活動してたんですよ。「そうだ、ワシらは全国ツアーやるんや。クルマや電車でやるのはおもろない！」という話です。

で、生電話なんですが、当てずっぽうでニューヨークにかけたんです。「きっと本社はそこなんじゃないかな」って、その程度の認識でね。

だけど、その頃は国際電電のオペレーターを通さないと海外に掛からない仕組みでね。オペレーターが落ち着き払った声で、

「どちらへお繋ぎしましょうか」ときた。

「ニューヨーク、ロッキード社で」

するとロッキードの電話オペレーターが出たんですよ、当たり前だけど。

「……yes?」

「ウィ、アー、ジャパニーズ、フェイマス、ミュージシャン&コメディアン、アノネノネ。ウィー、ウォント、エアプレーン、ミニ・プレーン、プリーズ！」

みたいな片言の英語で必死に二人が喋るんですよね（笑）。すると、丁寧に先方が「だったらワシントンに繋ぎましょう」とマジで返事してきましてね。しばらくして、応対のためにオフィスマネージャーが電話口に出てきた。

「Hi! What can I do for you?」

あのねのねは焦ってるんですよ、生電話でまた片言英語を繰り返してて。これは放送中だし、全国中継だから僕もヤバいと思って相手に説明しようとしました。そこで番組のブレーンで出入りしていた景山民夫さんは英語が堪能だし、「民夫ちゃん、お願い！」ってマネージャーに説明をお願いしたんです。

そして民夫ちゃんが加わった三人で要件を説明したんですね。すると、向こうは真面目に接してくるんですよ。

「個人的には嬉しいけど、オフィシャルには中継でこんな応対するのはマズいんだ。二人が本気で飛行機が欲しいなら、カタログを送るから住所を教えてくれないかな」

「飛行機は欲しいから、ぜひ！」

電話が終わると「やった！　ロッキードに通じた！」と、鬼の首を取ったような大盛りあがりですよ（笑）。

この後、七日後にオマケがついてきちゃった。編成から「宮本、ちょっと来い！」と呼ばれました。すると「見ろ！」って新聞を突きつけられたんです。眺めてみると読者欄におじいさんが「総理経験者による汚職事件の真っ最中、なんと不謹慎極まりないイタズラか」という趣旨の投書が載ってました。編成の人はカンカンですよ。

僕は内心、「やったァ！」と快哉《かいさい》を叫んでましたけどね（笑）。で、これに味をしめた僕はあのねのねに「あのコーナーはいけるぞ。面白い。次の週、どうする？」「スイス銀行に『お金を預けたい』って電話しよう」なんてことになった。その計画中、編成にバレちゃったんで幻に終わったんですがね。

## ■裏番組に潜入企画！

あのねのねでは、とにかく騒ぎを仕掛けるのが楽しかった。裏番組の文化放送「セイ！

ヤング」も人気だったんです。で、その水曜日の担当が日本テレビの「金曜10時！うわさのチャンネル‼」で彼ら二人と共演していた、せんだみつおさんだった。

ある日、本番前に「セイ！ヤング」のディレクターから僕に電話がありました。

「宮本さん、今日、せんださんが誕生日なんで、番組同士でエール交換しませんか？」

「なるほど、お互い仲が良いですからね」

「オンエア開始後、十分したら、そちらへ電話をかけますから、やり取りを放送するっていうのはどうです？」

「じゃあ、やりますか」

電話を切ってから、単にエール交換じゃ面白くないと思った。だって、こっちはハプニングがウリのあのねのねだから。

それで慌ててあのねのねの清水さんと原田さんに「今から十分間だけオープニングを録音しよう」と話したんですよ。その録音は通常通りのトークです。シメは「せんださん、誕生日おめでとう！」の声でね。

その後、すぐ清水さんをラジオカーに乗っけて文化放送のある四谷まで走らせたんですよ。現地へ着いたら、清水さんに文化放送へ忍び込むようにミッションを与えた上でです。一時の時報とともに「セイ！」もオールナイトも放送開始。どちらも普通にパーソナリティがオープニングを喋ってる。こっちの録音は気づかれてないみたい。その間に清水さん、うまく局の玄関をすり抜けた。

で、録音してる十分が終わる頃に、せんださんが電話をかけてきます。原田さんは「どうも」なんて、普通にやり取りして時間を稼いでる。既に清水さんはスタジオフロアへ到達して、副調整室も突破！　せんださんのいるスタジオに入るや、

「乗っ取ったぞ『セイ！ヤング』。伸郎、そっちはどや！」

と、大歓声ですよ。せんださんは目が点になってたみたいでね（笑）。

今だから話しますけど、ハプニングのアイデアはディレクターなんです。パーソナリティの個性を知って、それを最大限活かす方向を考える仕事ですからね。で、放送時はリスナーが「あのねのね、スゲえ！」と喜んでくれれば大成功。そういう仕事だからやり甲斐があるんですよね。

## ■パーソナリティとリスナーを楽しませるのがディレクターの本懐

宮本さんが好んだ、こういった手法はテレビではまだ採用されていませんでした。その後、日テレの土屋敏男ディレクターが「進め！電波少年」で同種の仕掛けを行い、今の迷惑系YouTuberのパフォーマンスを先取りしていたと考えられますね。ラジオって軽やかで声しか届かないメディアだからこそ成功した逸話だと思います。

＊

やっぱり僕はパーソナリティとリスナーを面白がらせたいって衝動が強い。一緒にやってるパーソナリティに、「このディレクター、こんなバカなことを考えるのか」と思われるのが嬉しいね。

そうすると制作と喋り手との間に、「面白いことやろう」というリレーションシップが出来あがると思うんですよ。互いに「この人らはこんな可能性がある」「この人は妙に面白いことを仕掛ける」という思いが結びつくとリスナーも番組が楽しみになってくる。

乱一世さんがパーソナリティをやっていた「ザ・パンチ・パンチ・パンチ」で、ストリッパーのお姉さんに登場してもらったりしてましてね。その流れで三宅裕司さんの「ヤングパラダイス」で、ロック座の踊り子さんに出演してもらったんです。

深夜、受験勉強に勤しんでる受験生はきっと灰色の生活してる。そういう受験生を励まそう、何が僕らに出来るだろうか、と真面目にコーナーを考えたんですよ。「受験生の生活に彩りを」ということで、ストリッパー嬢をデリバリーする「出前鼻血ショー」ってタイトルをつけました。バカですね（笑）。

応募条件は家族で住んでる受験生はダメ。独り暮らしで灰色の生活を送っている人に限ります。で、ハガキが十通くらい届いたんですよ。全員、怖いもの知らずのツワモノですよね（笑）。一応、僕が事前に電話取材をして、踊り子さんをお届けしても大丈夫な三人を選びました。

さあ、本番です。夜十時過ぎ、ロック座の仕事を終えたストリッパー嬢たちをラジオカーに乗せましてね。テレコを担いで受験生の部屋を訪問します。

「どんな生活ですか？」と、パーソナリティのインタビューから始まります。

「はい、毎日勉強、勉強で暗いです」

「カノジョは？」

「いません。出来ません」

「そうですか……では、今から君を元気にしてあげる。ロック座からお越しいただいた、お嬢様どうぞ！」

入ってきたストリッパー嬢は戸惑いますよね！　そこは四畳半や六畳一間のアパートですよ、いつものステージと大違い。ましてや目の前にしゃちこ張って座ってるのは、いたいけな青年じゃないですか。彼女たちは心根が優しいから、思わず情が湧いてきちゃった。

「……受験、頑張ってねッ！」

なんて、ステージの倍以上は張り切って踊り始めるわけ。しかも二曲、大サービスですよ。受験生は大感動！　リスナーも想像力いっぱいで大興奮でした（笑）。

だけど、深夜に踊り子さんが大活躍し過ぎて隣近所から人がぞろぞろやって来たんです。

僕はすぐさま皆さんに土下座しましたね。翌日はメーワクをおかけした十軒ほどのご家庭へ菓子折りを持って謝りに行きました。

告白しますが、この騒動の顚末は局に報告してません（笑）。今なら警察沙汰、SNSで大炎上です。大目玉を食らうどころじゃないでしょうね。

でも、今でも自分ならやってしまうかもしれない。それがホントに面白くて、やる意味があるなら肚をくくるはずです。志っていうようなカッコいいもんじゃなく、僕の中のスケベ心ですよね。何か仕掛けてやりたいっていう。

ディレクターとしては、そういった仕掛けもいつか飽きがくる。リスナーも食傷する。その頃合いは外さないように気をつけます。ハプニング系はカンフル剤ですから、頂点が見えたらやめる。この繰り返しをやってる気がします。

オールナイトの演出上の基本はディレクターとパーソナリティが副調（副調整室）とブースでガラスを挟んで一対一。放送作家がいる場合はパーソナリティの傍にいるだけで仕切らない。極力、喋り手と感性を共有する感覚を大事にしていたんです。

いま主流とされている、作家がブースに入ってパーソナリティとやり取りして全てを進行しちゃう形式は甚だ疑問なんですよね。ディレクターが番組の責任者だから、パーソナリティと二人で構築するのが本流だと思ってます。鶴光さんには放送作家はついてません。あのねのねの場合は、景山民夫さんがブレーンとして控えていました。放送作家が仕切ってディレクターが楽をしてはダメだと思いますね。

## ■中島みゆきとの仕事

オールナイトのパーソナリティの中で中島みゆきさんは、ディレクター養成機関と呼んでいいほど、優秀な人材を育ててくれました。深夜放送に対しての、ハガキ選び、朗読、コーナーの進行など繊細なタッチは類を見ません。初代ディレクターの岡崎正通さんは彼女を評して「語り口から進行、そして時間割までをプロデュース感覚で考えていた」と語っています。ホントに「考える」パーソナリティだったと思います。放送作家である寺崎要さんは同席するだけ、基本はディレクターとみゆきさんで作られる放送でした。

どちらかと言えばハプニング屋の宮本さんが二代目ディレクターになり、彼女と二人三脚でオールナイトの保守本流をどうやってのけたのか？　この本だから明かしますが、この二代目ディレクターに対して、みゆきさんはその時のチーフの岡崎さんのところへ「別の人へ代えられないか」と相談に来ました。その理由として「オトコが強すぎる」みたいなことを言ったそうなんです。今もそうですが、当時の放送界に横行してたマチズモ（男性優位主義）を指すのか？　感覚的な彼女ですから、そういう表現で「壁」を表したのだと思います。

果たして、宮本さんはどうやってその壁を乗り越えられたのか。伺ってみましょう。

＊

正直に言います。岡崎さんの後継として、中島みゆきさんにどう接していいか、当初わからなかった。僕なりに距離を縮めようとしたんですが、女性パーソナリティとは初仕事でしたし、気負いがあったのか、波長を摑むのが難しかったんです。放送中、寺崎要さんとやり取りするみゆきさんを眺めながら、自分の力量不足に歯がゆい思いをしました。

そこで僕がしたことは、みゆきさんをとにかく「無心に見ること」でした。すると、番組に向かう彼女の姿勢の凄さを素直に感じることが出来たんです。

まず、何をおいてもみゆきさんはラジオに対して真摯な態度を貫いている。僕もハガキを読みましたけど、彼女は送られてくるハガキ以外に封書も精読するんです。その封書を紹介する際、彼女は紙の音を立てて読む。そこで情景が浮かぶんですよね。自分が喋ってる場面が、リスナーの頭の中でどういう風に描かれるかってわかってるんでしょうね。その細かな演出法に舌を巻きました。

そして、みゆきさんのオールナイトは、やっぱり最後のエンディングのおハガキがとても重要なんです。彼女はそこにすごく神経を注いでて、このハガキで今日は締めようという思いを込めてました。それは彼女がちゃんと自分で選んで、それで最後の曲はこれだっていう、やはりそこが一つの美学っていうのかな、思いをリスナーに伝えるという彼女の魂がこもったものなんです。

僕もその最後のエンディングに、リスナーと共にみゆきさんの思いを心に感じました。最初はケラケラ、ゲラゲラ笑えるものが、最後はシュッと決まるというか。曲が完奏して三時の時報が響いて、「ああ、今夜も何だか良かったな」と思える放送。中島みゆきは本当に素敵なパーソナリティだなあ、と素直に感じたんですね。みゆきさんを好きになってました。そんな風に感じたんですね。
それからかな、みゆきさんのオールナイトに自然に入っていけるようになったのは。

*

**その後、二代目ディレクター、宮本さんへのみゆきさんの信頼は固いものになりました。だって、彼女は彼が番組を去る際にホントに惜しんでいましたから。**
**ここで中島みゆきのオールナイトの凄さを少しご紹介しても良い気がします。第5章で紹介するディレクターの松島宏さんが次のような話をしてくれています。**

**松島**　「イメージを喚起させる力は中島みゆきさんが最高だと思います。ハガキや封書を読む時に擦ったり、パラッとめくる音がするんですよね。それが『今、自分の書いたものが読まれている』という感動を与えている。だから、僕は番組のパーソナリティにメールを読んでもらう際にも、必ず音をさせてます。

番組のラスト、最後の曲に僕は、みゆきさんの『念』を感じてました。多くの歌手パーソナリティはエンディング曲が始まるとスタジオを出ていくのに、『きっと、みゆきさんは終わりまで出てってないんだろうなあ』と思わせる余韻があった。実際、そうだったと聞いても驚きませんでしたから」

## ■松田聖子を発掘

**みゆきさんに鍛えられた宮本さん。彼はオールナイトを離れた後、名伯楽ぶりを発揮してくれました。逸材を見つけるのもラジオマンの大事な仕事なんです。**

＊

携わったパーソナリティの中でも松田聖子は特別な存在でしたね。僕は亀渕さんがディレクターだった「ザ・パンチ・パンチ・パンチ」を引き継いだんですが、僕がリスナーだった当時はモコ、ビーバー、オリーブって三人娘がパーソナリティだったんです。番組発のアイドルは後のおニャン子クラブなどの走りですよね。彼女たちが大人気で、僕がディレクターをやるなら第二のアイドルを売り出せたらいいなと思ってました。

で、僕が担当になったから、レコードやプロダクション業界に、「デビュー予定の才能を紹介して欲しい」とアナウンスしてオーディションを行うことにしたんです。

結果、三十人集まり、みんなにスタジオで喋ってもらいました。三十人中ダントツだったのが松田聖子さんでした。頭の回転が早い、無類に明るい。そして、声が湿っていたんです。湿った感じというのはラジオ的感覚なんですが、つまり語りが耳ではなく直接肌に感じる肌感覚というか、色気とも少し違うキュートな声質だったんですね。

で、僕はグランプリは彼女しかないって決めたんですが、スポンサーがダメと言う。「平凡パンチ」のグラビア映えしない、スレンダーな子だからって理由なんですよね。スポンサーの声は神の声だけど、僕は納得いかない。

だから、出版社の担当部長と編集長を説得に行くことにしたんです。その場でつい、「何を言ってるんです。この子は来年にはトップスターになってますよ。その逸材をグランプリに選ばなくてどうするんです！」

と、マジで啖呵《たんか》を切っちゃった。目の前にいる出版社の幹部陣は完全に大人です。僕は三十歳いかない若造でしたからね。よくもまあ言えたもんです。すると、お二人は、「宮本君がそう言うなら」と賛成してくださった。

それから三ヶ月後、聖子さんは八〇年一月にレギュラー出演を開始して、四月に歌手デビューです。番組で彼女を全力応援！　という、「推し」活動をやりました。結果的にレコード大賞の新人賞を獲った時には嬉しかったなあ。こういう才能発掘と推し活が番組を持つ醍醐味なんですよね！

## ■萩本欽一から笑いを学んだ

オールナイトの後、僕は萩本欽一さんに多くを教わりました。コント55号ブームの後、萩本さんは単身、ラジオで大いに笑いを爆発させていました。その番組が「欽ちゃんのドンといってみよう！」（欽ドン）です。

「欽ドン」終了後、萩本さんの新番組を担当させてもらいました。ナイターオフっていう、ナイターが休みの半年間だけ、土曜日の夕方に四年間にわたって生放送をしました。そこから生まれたのが、後にフジテレビでヒットする「良い子・悪い子・普通の子」です。

僕はしつこいから自分が納得し、これだったらいけると、これは面白いぞっていうまで何時間でも会議をやるんです。今はそんなの出来ませんよ。夜中の二時だろうと三時だろうと関係ない。そのぐらいやってると、結構企画は出てくる。煮詰めて煮詰めて煮詰めた時に、「良い子・悪い子・普通の子」っていう企画が生まれました。そのアイデアを萩本さんが生放送で何段階も面白くする。で、萩本さんがある日、「宮本さん、これテレビでやっていい?」って言うから「もちろんですよ」となったんです。

萩本さんには笑いの作り方とか、素人を使った笑いを取り方を教わりました。そして「運」の使い方も。

## ■花咲かすまでは——三宅裕司との仕事

宮本さんのパーソナリティへの「推し」活動で記憶に残るのは、八三年から九〇年まで夜十時から二時間放送されていた若者向け番組「ヤングパラダイス」(以下、ヤンパラ)の仕事でしょう。放送開始時のメインはロック歌手の高原兄《けい》さんがパーソナリティでした。

**翌年から、劇団スーパー・エキセントリック・シアター主宰の三宅裕司さんが登板。この起用を決めたのが宮本さんです。**

＊

三宅裕司さんとの出会いは、縁としか言いようがないですね。彼の劇団を新宿のシアターモリエールまで観に行ったんです。二百人規模の劇場に入ると熱気で眼鏡がくもった。そしてステージには白いコットンパンツに白いシャツ姿で名探偵丸越万太を演じる三宅さんがいた。満場を笑いの渦に巻き込んでいました。

翌日、すぐに彼を起用したいと所属事務所へ電話したんです。当時、裏番組に吉田照美さんが文化放送でやっていた「てるてるワイド」がありましてね。照美さんがニセ東大受験生に扮して合格発表場で胴上げしてもらってるのがニュースに流れたり、ムチャクチャ暴れてた（笑）。これがニッポン放送内では脅威でしたから、真剣に対策を迫られてる折に三宅さんと接触したんです。

僕は制作部長だった亀渕さんに「お前が夜帯をやれ」と言われたんですよ。オールナイトの後、僕は玉置宏さんの午前帯を受け持っていたので、急きょ、夜班に回って、ヤンパラを立ち上げたんです。

三宅さんには当初、ヤンパラでスーパー・エキセントリック・シアターの面々と番組内コントをワンコーナー演ってもらいました。他にもいとうせいこうさんにシュールなコーナーを受け持ってもらったり、ブラザー・コーンさんにも力を借りてましたね。だけど、「てるてるワイド」を抜けないんですよ。

同時進行でヤンパラ二代目パーソナリティ探しもやっていました。僕が推した候補者には、とんねるずの二人もいました。オーディションテープを上司にも聴いてもらったんですが、なかなかゴーサインをもらえない。そうしてたら、当時班長の岡崎さんから別の候補者が上がった。だけど決まらないんですね。僕はふと、これは両方とも違うのかもと感じたんです。決まらないのは天の配剤だ、と。それで不意に三宅さんにパイロット版を喋ってもらうことにしました。

「どうですか？　僕は三宅裕司で絶対いけると思います」

と、上司に聴かせたら、あれだけ難航してたパーソナリティ探しがあっさり決定してしまった。そしてついに、八四年二月に三宅さんのヤンパラがスタートしたんです。

彼が素晴らしかったのは俳優の特性を最大限にラジオで発揮してくれたこと。看板コーナーになり、ブームにもなった街場のヤクザ遭遇の体験談を語る「恐怖のヤッちゃん」で、ヤクザと脅かされる人を両方演じる三宅さんの演技は爆笑ものでした。このコーナーがトリガーになって、「てるてるワイド」を越えることが出来ました。

＊

**と、あっさり語る宮本さんですが、ヤンパラのスタッフだった松島宏さんは違う目で番組を見守っていました。そこに宮本さんの粘り腰を感じざるを得ませんから、彼の証言を引きましょう。**

**松島**　「でも、三宅裕司さんを起用しても一年近く『てるてるワイド』を超えられませんでした。周囲も停滞する聴取率にイライラして、打ち切りや新たなテコ入れでアシスタントを入れたらなどと意見を言う人も現れました。だけど、宮本さんはパーソナリティ批判もしない。一方で、『彼はやれると思う』みたいな期待さえスタッフへ口にしなかった。そんな中で成功へ導いたのは執念みたいなものじゃないでしょうか。

もっとも、番組が終わると宮本さんは三宅さんへ『ビートたけしなら、あの話題はこう切るね』とか話をしてましたが、三宅さんは飄々《ひょうひょう》と聞いてる感じでした。あの時、もしも三宅さんが助言をマトモに聞いてたら潰れてたかもしれないです。あの、柳に風という態度と宮本さんの執念が実を結んだから人気を呼んだと思うんです。

最初の『恐怖のヤッちゃん』で宮本さんが笑ったんです。あの時、三宅さんも楽になったんじゃないでしょうか。宮本さん、三宅さんの両人とも、笑いの根っこは、とんでもなく下らない地口やダジャレ、子どもみたいなナンセンスのはずなんですよね。それが開花したのが、あのコーナーだったような」

**亀渕**「よかったね。ディレクターと喋り手の関係の非常に微妙なところだね。センスが同じでも、番組に競争相手がいた場合は気が焦ってしまう。数字的にはどうだったの？」

**松島**　「聴取率で三・七％を取ったんです。昼番組と同じくらいですから驚異的な数字。「てるてるワイド」が一・七ぐらいでしたから。結果は倍以上で追い抜いたんですよ。その時にお祝いで宮本さんがテレホンカードか何か作って配ったんです。その姿を三宅さんはキョトンとして眺めてた。芯から飄々としてる三宅さんには宮本さんの嬉し泣きが全然、わかってなかったんですね（笑）」

## ■「推し」の力を信じる

僕はラジオってインフォメーションの「情報」じゃなくてエモーションの「情報」を伝えるメディアだと思ってるんです。いいハガキ、いい音楽を聴くとワーッと心に感情が湧き上がるでしょう？　ラジオの良さはそんなシンプルさにあるんです。

もう一つは、虚仮の一念ではないけど、思い込んだらやってみるということでしょうかね。オールナイトを終わって、深夜に家で夕刊を読んでたら、「大阪のアメリカ村でディック・セント・ニクラウスの『マジック』っていう曲の輸入盤が当たってる」という記事を見つけたことがあります。

その曲をレコード会社に聴かせてもらうと、すごくいいんです。だから日本でリリースしようとレコード会社に持ちかけ、ニッポン放送の系列の音楽出版社に出版を託し、日本版を出すことにしたんですよ。

で、制作の夜班、ヤング班の会議にかけて、これを一推しでやっていきたいと。するとあるディレクターに「こんなのヒットするわけないじゃないですか」と反対されちゃった。こっちはムキになって「俺はいけると思う」の一点張りです。仕方ないので自分の番組で推しまくったら、オリコンの洋楽チャートで一位まで行った。それはね、もう思い込みの成果でしかないですよ。

プロは三打数一安打でいいわけですよ、三割バッターだったらスゴい。だから僕には外した番組、外した企画がいくらでもあります。だけど打席に立って、振ってみないとヒットは出ませんしね。別にディレクターが偉いとかそんなわけではない。でも責任を取るのはディレクターだというのは譲れませんね。

ラジオに携わる以上は、何か面白い人とか、何か面白いことないかなと意識し続けないとダメですね。意識付けによって、自分のアンテナの受信感度が高くなる。単純に言うと、道を歩いていると、「モノが落っこちてないかな」と見る。すると結構拾い物があるわけですよ。それと一緒で鵜《う》の目鷹の目で生活するのは大事なこと。何か必ず面白いものが見つかるはずです。

自己満足ではなく、最低限、自分が面白い！　楽しい！　と感じることでなかったら、リスナーを面白がらせ楽しませることは出来ない、というのが番組作りの信条でしたね。

僕がオールナイトをやってる頃、社内の標語の一つに「ニッポン放送は時代の一番バッターになろう！」というのがありました。それはあながち冗談ではなく、オールナイトニッポンはまさにそんな番組でした。「自分も時代の一番バッターの一人になりたい」、それがオールナイトをはじめ、他の番組を作る時の僕のモチベーションでした。

# 第4章

# 森谷和郎

# 不真面目だから、やれること

森谷和郎（もりや・かずろう）
一九五三年東京都生まれ。慶應義塾大学法学部卒。一九七六年ニッポン放送入社後、「プロ野球中継」「競馬中継」などのスポーツ番組に関わり、八〇年から「オールナイトニッポン」で桑田佳祐、明石家さんま、ビートたけしなどを担当。編成局長、デジタルメディア局長、専務取締役などを務めた後、同社特命参与。

亀渕　さて、オールナイト・ディレクター列伝の三人目は森谷和郎さんです。森谷さんは八〇年代のオールナイトの立役者と考えています。出会ったときから、私に「この人は優秀だな！　どこで働いても大丈夫だ」と感じさせましたからね。実際、制作でのタレントへのブッキングなど右に出る人がいない。交渉で粘っこい個性が光るんだ。

また、現場の仕切りも素晴らしいんです。これはあとになってからですが、私がニッポン放送の社長時代、ライブドアによる買収騒動がありました（二〇〇五年）。その時に警備から報道への対応など万事やってくれました。

私にとっては「心の友」みたいな存在の森谷さん、どんな話が聞けるか楽しみです。

## ■スポーツ中継で現場のノウハウを学ぶ

森谷和郎さんがオールナイトで担当したのは桑田佳祐さん、明石家さんまさん、ビートたけしさん、谷山浩子さんと並べただけでもキラ星のようです。彼は譜面も読めたので音楽には強いし、パーソナリティの信用を勝ち得る術を知っている人でした。

そんな森谷さんのオールナイト前日譚をまずはお聞きください。

＊

僕は小学校時代から放送というものに憧れがありました。小学、中学と放送部に入ってたんです。大学では放送研究会に在籍だったら就職に差し障りがあるとか仄聞《そくぶん》して、クラシックのオーケストラへ入りました。

就職先はフジテレビが希望でしたが、知り合いから「フジもいいけど、ニッポン放送も受けたら？」と助言を受けました。素直に僕はニッポン放送を受けてみて、後日、フジテレビを受けるはずだったんですが、熱を出して就職試験を欠席しました。

ただニッポン放送に縁がなかったわけじゃありません。六七年十月のオールナイト放送開始時にリスナーとして触れているんです。糸居さん、斎藤さん、高岡さん、今仁さん、常木さん、高崎さんの全員のＤＪは聴いています。

入社当初はスポーツ部に行かされて、初仕事が先輩に「競馬エイト」を買ってくることでした。この時はショックで、「人生、ダメかもしれない」と思った（笑）。スポーツ部は男所帯のタコ部屋で、実況の深澤弘さんが花形アナウンサーとして現役バリバリでした。最初は競馬新聞買いに行かされて腐ってましたが、だんだんと「ここは面白いぞ」と思えてきました。というのも、この部はスポーツ中継を何でも一人でこなさないといけないところだったんです。野球だったらアナウンサーが喋り、傍らで自分でスコアつけて、音響も技術がいないので調整を自分でやらなくちゃいけない。

だんだん見様見真似からうまくやれるようになりました。そのおかげでオールナイトに関わることになった時、地方からの中継などに役に立ちましたよ。現地でミキサーをやって、レコードを回して、と。

## ■「花のオールナイト」を担当する

制作に異動してからは「ザ・パンチ・パンチ・パンチ」などの番組に関わり、宮本さん、岡崎さんなど多くの優秀な先輩の下で働きました。

その頃、一週間に十二番組やってましたね。残業は一ヶ月で百三十時間くらい！　今じゃ考えられませんよね。夜中にタクシーで帰るでしょ、家に戻ってひとっ風呂浴びてから待たせてたタクシーで会社へ戻る。どっちが家かわからない（笑）。

とにかく、当たり前に寝る暇なんてないんです。受け持った番組は「あおい君と佐藤クン」「ライオン・フォーク・ビレッジ」とか音楽系に近かったのかな。深夜の帯でポップスを紹介する「コッキーポップ」では中島みゆきさんと初めてお目にかかりました。それと大学で僕がクラシックをやってたということで、「新日鉄コンサート」も任されてました。昼間、お笑いの番組でキューを振って、夜は着替えてネクタイ締めてクラシック番組のディレクション。オールナイト以外は全部の時間で働いてたんじゃないかな。

七〇年代からオールナイトのライバルは「パックインミュージック」も強かったけど、「セイ！ヤング」になっていた。そんな折、僕にもオールナイトの仕事が回ってきたんです。オールナイトをやるというのは、いわば若手ディレクターの晴れ舞台ですからね。呼ばれた時には、「ようやく出来るようになったんだな」っていう感慨を持ちました。

で、オールナイトを受け持つ前に、僕は鶴光さんの「オールナイトニッポン」を四時間全部聴いて分析というか、「こんな風に作るのか」と自分の参考にしました。当時は宮本さんがディレクターで、曲とトークのバランスが素晴らしいんです。四時間の放送中、曲を入れるタイミングも下ネタを連発してるのにビシッと決まってた。だけど、一方では別の流派がオールナイトにはあって、岡崎さんは「別に曲なんか、かけなくてもいい」というスタンスで放送を作っていました。宮本さんと岡崎さんの仕事、両方とも刺激をもらいました。

音楽系が強いと思われていたのか、まず火曜枠だった桑田佳祐さんを担当しました。

## ■桑田佳祐流の原点回帰

七九年四月から八〇年六月まで担当した桑田佳祐さんのオールナイト（註：第二期は八四年の一月から約二年続いた）は、みゆきさん、鶴光さんやたけしさんとは全然違う個性の放送でした。

桑田さんは、オーディエンスに「元気だよ！」とか何気ない一声をかけて、観客を共感させるタイプ。だから二時間の放送中、いっぱい面白いことを喋り続けるのではなく、キラッとした一言を残すというのが素晴らしいんです。

リスナーは「今日は、どんな一言が聴けるんだろう」と期待して時間を過ごす。楽曲における詞ですよね。僕も「ああ、こういう表現をするんだ」と驚くことが多くて。

過去にアーティストのオールナイトは吉田拓郎さんや武田鉄矢さん、加藤和彦さんがいましたが、桑田さんの場合、彼らともちょっと違う雰囲気でしたね。彼らは音楽を離れて、自分を語るのが面白いけど、桑田さんは音楽と密着してる方が光る。

だから彼に選曲をお願いしました。全部で九曲くらいある中の半分をチョイスしてもらった。すると、僕らも知らないイカした曲を選ぶんですよ。洋楽のオールディーズから新盤。放送翌日、リスナーだった小田和正さんから、「昨日の桑田の二曲目にかかったやつ、何ていう曲?」という問い合わせをもらったこともあります。本当に音楽シーンに鋭敏な感覚を持っていました。

企画もののコーナーも音楽系で組みました。校歌を編曲して歌うやつとか、スタジオライブを鈴木雅之さんのシャネルズと行うとか。初期オールナイトの王道、ディスクジョッキー・スタイルへ桑田さん流で原点回帰させる試みになった、そう受け止めたリスナーもいるそうです。

七九年から八一年まで木曜日の二部を担当していた明石家さんまさんも面白かったです

ね。確か、岡崎さんが大阪で伸び盛りだったさんまさんを発見してきた。鶴光さんの軽くリアルさのない関西弁に対して、当時のさんまさんの語りはとっつきにくかったかもしれない。だけど、その後、八三年から約五年続いた土曜夜の「明石家さんまのラジオが来たゾ!東京めぐりブンブン大放送」はスゴい放送になりました。タイミングというか、ローカルから抜ける瞬間が番組を左右するものなのか、少し考えさせられました。

## ■ビートたけしという「ホームラン」

森谷さんが指摘した通り、七〇年代末のオールナイトを激追していたのは文化放送「セイ!ヤング」です。落合恵子さん、谷村新司さん、ばんばひろふみさん、なぎら健壱さんという面白いメンバーが番組を彩っていました。

谷村さんとばんばさんは「天才・秀才・バカ」という人気コーナーで若者の支持を受け、すごい勢いでしたから。ラロ・シフリンの「燃えよドラゴン」をテーマに、リスナーからの投稿を紹介するんです。リスナーもエッチなネタありの放送ですから、「恐怖のムケカワさん」とか当たり前。

で、「新大阪駅にて、天才は『岡山まで大人二枚ください』、車掌『はい二枚ね』。秀才は『小津まで子ども三枚』、車掌『はい、子ども三枚』。バカ『あのう広島まで女一枚』、車掌『五千円の穴つきですか、七千円の毛つきですか』」

みたいなノリで笑わせていた。そして八〇年代にニッポン放送の若者向け夜枠を恐怖に陥れ、宮本さんと三宅裕司さんが立ち向かった「てるてるワイド」のパーソナリティ、吉田照美さんも局アナとして「セイ!ヤング」を持っていました。

ＴＢＳの「パックインミュージック」も林美雄さんや愛川欽也さん、野沢那智さん&白石冬美さんのナチチャコも健在でした。八〇年代はオールナイトが独占する時代ではない、ある種の転換期だったと思います。その時代に森谷さんが現れ、ビートたけしさんが起用されたのは、決して偶然ではなく、「新しいことをやれ」という、ニッポン放送のオールナイトイズムが再発動された結果だと思うんです。

＊

ライバル局が頑張っていて、さんまさんも一生懸命喋っていた頃、ダディ竹千代さんの後継にビートたけしさんが決まりました。たけしさんを見つけてきて、ツービート二人を使わないのを決めたのは岡崎さん（第2章を参照）です。

僕、正直言いますと、あの頃はビートたけしとビートきよしの見分けがつかなかったんです（笑）。「赤信号、みんなで渡れば怖くない」を言ってるほうが、たけしさん。「よしなさい」とやんわり止めてるのが、きよしさんと言われて、「ああそうなのか」と。だけど、ツービートが東京郵便貯金会館で演った公開録音を聴いた時、たけしさんの喋りが強烈でしたね。

放送開始が八一年の正月からでしたが、直前まで漫才ライブがあったり、正月特番が詰まってる時期でしたから録音でいくことになりました。

事前に一度、岡崎さんと僕とたけしさん、太田プロの副社長の四人でお会いしたんです。場所はホテルオークラでした。たけしさんが、その場で病気自慢や世間に対するキツいジョークとか、いろんなことを喋ってくれるんです。だけど、僕には「リスナーにソレはダメだなあ」「ああ、これも放送では使えないぞ」としか思えないネタばかりで。ご本人を前に弱っちゃいました。

だから一回目を録り終えた後、あそこまで一気に人気が伸びるという印象はなかったんです。どんどんリスナーを獲得していったのは、たけしさん自身がオールナイトを楽しみだしたことに依るところが大きいと思います。

三ヶ月一クールが終わった後、雪が降ったら屋上雪合戦中継をやるとか、札幌ツアーを敢行するとか、ネタ作りにたけしさんは熱心でした。鶴光さんは「良いマンネリ」を続けていく放送でしたが、たけしさんは毎週違うことをやって人気を伸ばしていきました。

毎週毎週、違うスタイルを聴かせて、リスナーを飽きさせないというのは大変なことです。たけしさんは、使えるものは何でも番組で利用しようとアイデアを欲しがってました。

僕が新婚旅行で行ったハワイの土産を渡したんです。フロッグマンという泳ぐオモチャなんですけど。それを、たけしさんがリスナーにプレゼントするぞ、と。洗面器に浸《つ》けて泳がせるんですが、マイクにコンドーム被せて水の中に入れて、リスナーへ音を聴かせたりしてましたね（笑）。そういうくだらないアイデアが、たけしさんはお気に入りでした。

夏はビアガーデン企画もやりました。ニッポン放送にベランダというかルーフバルコニーみたいなところがあるんです。そこにテーブル並べて、提灯《ちょうちん》点けて、本当に飲んで、銀座のお姉さんを募集すると、店が終わってから来てくれたんですよ。で、ハワイアンのバンド入れて、花火は効果音で上げる。ヘリコプターが取材のために上空を飛んでるとかも（笑）。本気でバカやって、リスナーは信じて面白がるという状況が生まれていきました。

聴取率で一位獲るとチームに十万円の報奨金が出るんです。たけしさんの場合、「やったね」では終わらない。「その報奨金争奪のジャンケン大会を放送で二時間やろうよ。もうひたすら、『ジャンケンポン！』って」なんて言ってくるんです（笑）。さすがに僕も乱暴かなと感じたんですけど、いや、そのくらいやらなきゃダメだと思い直した。

案の定、翌日、亀渕さんが怖い顔で「森谷、ちょっと」と（笑）。褒められるか、叱られるか、どっちかしかない番組でしたね。

たけしさんの人気が爆発してる際、他のテレビ局が彼を捕まえるチャンスは、オールナイトの本番前しかない。だから、テリー伊藤さんとかテレビ関係者がスタジオ前に押しかけて大変な混みようでした。それを縫って、なんとか本番の段取りをつけていくみたいな。

それでも、スポーツ部からの依頼でナイターの解説をナゴヤ球場でやってくださったり、たけしさんも無理を聞いてくれました。

たくさん、ネタ本も出しました。版元は系列のサンケイ出版（現・扶桑社）でした。年に二冊のペースだったから、スゴいですよ。フィリピン旅行の話を「事件」と銘打って、「四谷羅生門焼肉事件」みたいな紹介の仕方で構成していく方法は高田文夫さんのアイデア。高田さんがいるから出せたんです。そして、そういう、「札幌の夜、何とか事件」とか書ける事象を作るのが僕らの仕事でした。

たけしさんが、大島渚監督の映画『戦場のメリークリスマス』の撮影に参加した八二年はニセの衛星中継をやったんです。撮影現場のラロトンガ島と繋がってるということにして、わざと音声をディレイさせたり、鳥の鳴き声やら効果音を入れて。リスナーは完全に生中継と思ってましたね。聴いていた大橋巨泉さんが、「あれは大変だったな」と言ってくれましたね（笑）。

十年、番組は続きましたけど、最高に面白かったのはスタートから三年間でしたね。毎週違う手で面白がらせるのは、それくらいが限界なんじゃないのかな。どんなパーソナリティも疲れてきますよ。で、長くやれば似た企画が出てきてしまう。それが続くと飽きてくるのも確かです。

鶴光さんや、みゆきさんは喋りだけで長年やれる天才です。たけしさんの番組はハプニングと企画で格闘してたな、と思いますね。

## ■キャラ付けで木曜二部も跳ねた

八二年の四月からスタートした谷山浩子さんの木曜二部なんですが、ご本人が雑誌などで振り返ってるようにオールナイト登板には不安があったみたいですね。

どんな風に喋ればいいのか悩んでたそうですけど、谷山さんは亀渕さんが評するように、歌も声も夜に深く染み入る感じがします。それに彼女は漫画に造詣が深かったから、巷《ちまた》で広まりつつあったアニメやコミックのオタク文化にリンクしていたんです。

谷山さんの放送を始めるにあたって、改めて意識したのは、学生だけではなく長距離トラックやタクシーのドライバーさんにも届くように聴かせようとしたことです。一部のたけしさんもそうでしたけど、放送は子どもだけに占有させるもんじゃない、と。リスナーの幅があった方が面白いでしょう。

谷山さんの不安をよそに、結果的には一部よりレーティングの成績が良かった。これはあくまでも二部だから一所懸命に喋るというのではなくて、パーソナリティ自身が楽しめる放送をやっていただいた結果なんだと思います。ま、僕も出て喋ったので、ディレクターも面白がってたんですが（笑）。

オタク文化に親和性がある谷山さんだから、彼女にキャラ付けが出来たのは良かったですね。谷山さんは天然でこまったちゃんのお姫様。それが悪のディレクターに下ネタ振られたり、裸のたけし軍団が乱入してくるとか、ひどい目に遭ってしまう。「スーパーマリオ」のピーチ姫という感じ。実際、ゲームの歌を彼女が歌ってくれてますからね。キャラがハマったんだと思います。

その他にも鴻上尚史さんや上柳昌彦君とイベント放送もやりました。一部のたけしさんとは違う緊張感……いや、緊張感はなかったな（笑）。真面目にいい加減な放送をやるというのは、僕の性に合った気がします。たけしさんが頭のいい奔馬《ほんば》なら、谷山さんは感性が豊かで純な駿馬。僕やゲストの発言を一〇〇パーセント受け止めてボケたり、ツッコんでくれました。そういうパーソナリティのリアクションにリスナーは敏感でしたね。

月曜二部を八三年から三年務めた上柳昌彦は局アナですが、ＯＢＣ（ラジオ大阪）の「鶴瓶・新野のぬかるみの世界」を聴いていたりと深夜放送ファンだっただけに浸透力がありました。谷山さんの声もそうですが。彼にも良い暗さがあるというか。彼に「まさひこ・うえやなぎ、これでもアナウンサー」とかジングルを歌わせたりしましたね（笑）。

八三年の十二月、上柳君の放送でワシントンホテルの最上階スイートルームから中継をしたことがあります。この時は僕はチーフ、ディレクターは土屋夏彦君だった。

その中継に同行してたんですが、やるコーナーがしっくりこない。おまけに、居心地の良さからか、上柳君が眠気に襲われ始めるという事態が起きました（笑）。土屋君も「これ面白くないからさ、ちょっと違うことやろう」って言い出した。みんなで階下を見ると、地上にタクシーの列があるわけです。それで上柳君が、「今、タクシーでこの番組聞いてる人はライトをアッパーにしてくれますか？」って喋った。すると応答してくれる車が多かったんですね。ノってきた彼が「聴いてる人、ベランダからワシントンホテル見える人、懐中電灯をぐるぐる回してみて」って頼むと、そこかしこで光が点灯し始めた。僕らは、放送中のくだらないイタズラが多いですけど、これはちょっと感動しましたよね。

これは、僕がディレクターを務めてた頃の放送じゃないんですけど、よく覚えているのは、所ジョージさんが用意された三枚あるレコードを叩くんですね。で、彼独特の飄々とした語りで、「さて、この三枚のうちに大滝詠一『君は天然色』があります。正解は何番目でしょう?」と訊くわけです（笑）。質問そのものはマジですよ。面白いことを考えるなあ、とラジオのおかしさにビックリさせられました。

オールナイト五十五年の歴史で、中島みゆきさんやビートたけしさんの放送は高く評価されています。だけど、所さんは過小評価されてると感じますね。

## ■人材発掘こそ重要

オールナイトのチーフになると余裕が出るかと思いきや、後ろで構えていられる仕事じゃないと知りました。各ディレクターが休むとキューを代わりに振らなくちゃいけない。予算や選曲も管理する。週一回の会議で月曜から土曜までの状況の共有もやりました。

中でも一番大事なのが次の喋り手を見つけてくることです。オールナイトイズムというんでしょうか。「今、この人が面白い」ということを基準にパーソナリティを選んでいく。

田原俊彦、野村義男、近藤真彦の「たのきんトリオ」の一角、野村さんをオールナイトに連れてきたのは僕でした。アイドル枠が当時のオールナイトはなかったんですが、彼はアーティスト志向で別格だろうと判断しました。

僕の目論見では野村さんがジャニーズ的な発言をせずに、アイドルから外れた発言をして欲しかった。ところが、それは難しかったんでしょうね。ジャニーズや周囲のアイドルの裏話も喋らなかった。僕が脱ジャニを期待し過ぎていたのか、思い込み先行だったなあ、と反省しています。

それに懲りず、八六年には小泉今日子さんにお願いしたんですが、これは担当の松島（宏）君の健闘のおかげもあって成功しました。大槻ケンヂさんやデーモン小暮閣下にもお願いしましたけど、大槻さんはサブカルなリスナーに響きましたし、デーモン閣下は「夜霧の横綱審議会」など閣下の音楽とミスマッチな相撲フォロワーを増やしてウケました。

そしてやっぱり土曜日のユーミン、松任谷由実さんですね。ライブや他の放送のフリートークでは危ない話題もするけど、スレスレでかわす感じで凄く面白かったんです。だから、きっとロングランするんじゃないかとお願いに行きました。結果は初代ディレクターの松島君とユーミンの呼吸が合ったのか、十年間も放送が続きました。

制作者として、新しい人を起用するのは難しいです。他のメディアをフォローしたり、ライブに通って、自分が面白いと感じても相性が合うかはわからない。探す方、喋る方、聴く方、全て人間ですからね。

## ■パーソナリティとの「壁」が必要

森谷さんの話を聞いていて、ラジオを競馬で例えたら、ジョッキーがタレントさん、ディレクターなどのスタッフは厩舎《きゅうしゃ》という気がしてきました。

ディレクターがジョッキーと思われがちですが、馬が番組で、乗りこなすのがパーソナリティ。一方、裏方は良い状態に馬を育てて思い切り出走してもらうようにする。乗りやすい番組に調教していくのがディレクターなんじゃないでしょうかね。

その意味で、どう各々と付き合っていくかは大事なことだと思うんです。

僕らは番組を調教することになるんでしょうけど、番組は時間帯や時代の状況に左右される生き物です。自ずと不確定要素も多くて思うようにならなかったと思います。

＊

ディレクターとパーソナリティのリレーションシップについては、日ごろ仲良くしてベタベタにならないこと。「今日は何しに？」「実は……」なんて会話も出来て、お互いに「それはちょっと勘弁してよ」と断っても仕事の関係が続くことが大事です。当時のオールナイトが一部と二部をぶっ通しディレクションする形式をとっていたのは良かったと思います。木曜の一部を終えたら二部が始まるので、たけしさんと食事をするという機会が必然的になくなる。二部が終われば寝るだけですから、谷山さんとも「また来週ね」とお別れするわけです。パーソナリティと程よい距離があるってことは、馬である番組に向き合うことが可能ですからね。このことは有益でした。

ディレクターとパーソナリティは壁がないといけない。壁が存在しないと忖度して、たけしさんにも桑田さんにも谷山さんにもダメを出すとか、ムチャを振れなくなってしまう。壁のおかげで、普通にやってちゃダメだからバカをやろうと付き合ってくれたんです。

番組を作るのは誰でも出来るんです、起用するのも簡単。勝負は番組をいいかたちで終えたり、パーソナリティをきれいに引かせることなんですね。それには壁が必要です。

## ■ディレクションの要諦——選曲のこと

番組という馬を調教するということでは選曲が大事だったですね。おおよそ選曲は僕らスタッフで何を推すか相談してプッシュ曲を決めていました。

これは羽佐間さんがよく言っていたことも関係しますね。

「お前らいいか？　オールナイトで一曲かけるのに相当なお金が発生するんだぞ。全国ネットでたくさんの人が聴いて宣伝力になるんだからな、気をつけて選曲しろよ」

確かに、「ビートたけしが○○って曲を選んでた」と翌朝話題にするリスナーが生まれるわけですからね。一方ではレコード会社の宣伝マンが「かけてください」とセールスに来るんです。会社が推すのと、僕らの「推し」のバランスも大事でした。

亀渕さんも「常に音楽が一緒だぞ」と口にしてたので曲には気を配りました。番組内のディレクション上もピリオドやアクセントになるから、どう曲を配すかもキモでした。

例えば、たけしさんのトークは滅多やたらと可笑しいわけです。それが十あるなら、一気に出すともったいない。二つのネタを出したところで曲を入れたら五等分されて、緩急が出て効果的になります。だから、タイミングを見計らって、こちらから「そろそろ曲です」と振っていくんです。選曲と配曲は今でも大事なディレクションだと考えていますね。

## ■フリートークの功罪

番組をどう調教するかという点でもう一つ、スタジオに入る人数を制限することは大事なことだと思います。

僕は基本、スタジオは二名までにしてましたね。やっぱりラジオはパーソナリティとリスナーの一対一っていうことなんだと思うんです。例外的にアシスタントが付くくらいでいい。だから、なるべく椅子を減らすとかやってましたね。

物理的に四人、スタジオへ入っちゃうと、誰が喋ってるかわからない。今のディレクターは副調整室にいるから、誰が喋ってるか見えます。ところが、マイクは四本立ってても、スピーカーは一個なんですよ。テレビだとスイッチングで抜けますけども、ラジオは抜けない。だから聴こえてくる声が団子になってしまうんです。それだと情報を伝えるラジオの基本的な要素が損なわれるんです。大事なのはダダ漏れするお喋りではなく、何が話されているのかということです。

現在の放送を聴いていると、ラジオはお喋り音声を流してる気がします。お喋りだけど、何が話されているのかわからない。僕は送り手が伝えたい音を届けて欲しいんですけどね。かつての「パックインミュージック」のナチチャコ、たけしさんや谷山さんの放送は中身が伝わる「お喋り」でしたから。

たけしさんのオールナイトでは、オープニングはフリートークで始まるんですが、三分後には必ず僕は、「そろそろタイトルお願いします」と声をかけるようにしてました。それが、とんねるずから二十分のトークになり、今では二十分あるのはザラになりましたね。テレビも延々、オープニングのコールに行かないようになってる。ちょっと、その傾向には違和感があるんです。古いんですかね？

たけしさんの録音放送の第一回目、同席の高田文夫さんの笑いは全部切りました。オールナイトは、パーソナリティが一人でマイクの先にあるリスナーに呼びかけるもの。マイクに穴がたくさんあって、その穴の向こうはリスナーたちなんだという教えを守りました。だけど、二回目からは喋りがぶつ切りになってしまうので、なるだけ声や笑いを抑えてくださいと、高田さんに頼んだ経緯があります。

放送作家がスタジオにいるというのは、当時は珍しかったんですよ。これはオールナイトの功罪でしょうが、放送作家と馴れ合いじみた会話が続くというのは、どうなんでしょうね？　実際、才能豊かな作家さんもいます。高田さんをはじめ、みゆきさんの受けに徹していた寺崎要さん、現在も活躍している藤井青銅さんも。藤井さんは喋りより、書くほうに長けた方です。ただ向かいに放送作家がいて、「こんばんは」とか「おはようございます」なんて挨拶入れてキュー振って、スタッフ側で面白いとワーッと盛り上がる。簡単にどこでもやれる。話が途切れて、「そろそろＣＭです」で行くのは番組作りじゃない。こういう傾向はラジオを痩せさせちゃう気がします。

八一年と八二年の二期、ラジオっ娘という三人組アイドルがラジオの女性誌って感じで喋る「電話好きッコラジオッコ　男のコにはナイショなの」って番組を作りました。コレはクロストークに聴こえるけど、きちんとエッチな話や、くだらないお悩み相談を届けることが出来たと思います。僕のラジオ人生で一番の自信作です。

他局で今、機会があれば聴く番組がTBSの「安住紳一郎の日曜天国」です。安住さんが聴かせるのは間《ま》ですね。間であれだけの番組作っちゃうのはスゴいことです。女性アシスタントの声の良さも安心させる。丁寧なラジオ番組作りを実感します。

## ■制作部と編成部の対決で活性化した

オールナイトニッポンは、僕の上にいた羽佐間さんや亀渕さんに「制作のもの」という意識があったんです。編成部というのは番組のキャスティングからディレクター選びまで行う部署です。そんな強い編成でもオールナイトのパーソナリティ起用に関しては口を出さない不文律がありました。

よく覚えてるのは、亀渕さんが制作部長だった頃、編成がうるさく言ってくると、「お前らが口を挟む筋合いはない！」って昂然と抵抗してた姿ですよ。オマケながらその後、亀渕さんが編成部長になると口出ししてきたけど（笑）。ニッポン放送は面白い組織です。岡崎さんも編成に行くと厳しかったですからねえ。岡崎さんは本名が「近衛」なので、まさに近衛部隊の様相でした（笑）。制作、編成、会社が大きくないから結束して事に当たらないと強くならない論理がニッポン放送にはあるんですね。

セクション間の緊張は大事です。僕が制作にいた際、聴取率が悪いと編成が「この人は一回休みだね」と決めるでしょ？　そうすると制作サイドは「冗談じゃねえよ！」と抵抗し、編成も引かずに「だったら数字取れよ！」って迫力がありましたもの。制作内でも「レーティングであいつの実力を測られちゃうのは癪《しゃく》だから、その週は休んでもらって、もう一回やってもらおう」とか、いろいろしのぎを削っていましたね。

## ■radikoから見える今と未来

現在、森谷さんはアプリサービスとして広く認知されてきたradikoに携わっています。オールナイトの黄金期からラジオに接してきた彼は「現在と未来のラジオ」をどう見ているんでしょう。

*

radikoの普及でリスニング状況は大きく変化しましたね。オールナイト・リスナーであるティーン層の多くがタイムフリーで聴いてるんです。

僕がオールナイトの現場にいた頃は、学生同士で「昨日のラジオ聴いた？」と挨拶がわりに話してたけど、そんな会話はもうないに等しいでしょう。あるとすれば、「radikoのタイムフリー、まだ聴けるかな」とかで。

けれど、このradikoがなければラジオ界は崩壊してたんじゃないかと思います。こういったプラットフォームを作ったのは大変なことです。エリアフリーの会員がこれまた、大変な数になっている。発足当初はそれほど期待されていませんでしたが、聴覚メディアの底力を見る気がしました。

# 第5章

# 松島 宏

# 先輩たちの土壌で育った

松島　宏（まつしま・ひろし）
一九五八年神奈川県生まれ。慶應義塾大学文学部卒。一九八一年ニッポン放送入社。編成部を経て八三年より「オールナイトニッポン」にて鴻上尚史、サンプラザ中野くん、小泉今日子、松任谷由実を担当、同番組チーフとして久本雅美、大槻ケンヂ、古田新太、吉井和哉らを起用。二〇〇六年よりフジテレビジョンに転籍。定年退職後、二〇一八年二月よりエル・ファクトリー（現・ミックスゾーン）入社。二〇二三年二月よりフリー。

亀渕　最後に登場するのが、素晴らしきディレクター陣の中での最年少、現在も番組作りを続けている松島宏さんです。第2章から何度か、補足のためにお出ましいただいてます。松島さんはオールナイトとお昼の「高田文夫のラジオビバリー昼ズ」を兼任したりとハードな仕事もこなしていました。フジテレビの横澤彪さんのチームが「笑っていいとも！」と「俺たちひょうきん族」を兼任してたノリだったみたいですね。

前章の森谷さんからも、松島さんの生真面目な個性が高い評価を得ています。

「僕はちゃらんぽらんだから、ケンカはしないですよね。松島はケンカするんですよ、非常にまっすぐで真剣だから。ある時、いきなり『僕はもう出来ません。ダメです』と言ってきたんです。どうも、あるパーソナリティがファンからの花束をスタジオに置いて出て行ったのを怒ってるんですね。『リスナーの気持ちを考えてない』とマジなんです。その後、仲直りをしたみたいですが。その番組から離れる時にパーソナリティが『彼じゃないと嫌だ！』と駄々をこねることになったりね」

ホント、松島さんはパーソナリティとのコミュニケーション能力の点でずば抜けていると私は思います。

## ■全てのきっかけは声優コンテストだった

八〇年代のオールナイト第二黄金期の一角を担った松島さんの担当したパーソナリティは鴻上尚史さん、サンプラザ中野くん、小泉今日子さん、松任谷由実さん。彼自身がラジオでプッシュした方々は久本雅美さん、大槻ケンヂさん、古田新太さんという錚々たる面々です。

松島さんがニッポン放送へ入り、制作に就いた際は岡崎さんがオールナイトのチーフディレクターでした。宮本さんとはヤンパラの開始から最後まで一緒に働きました。諸先輩から学んだ松島さんの現場の話の前に、まず入社の経緯を伺ってみましょう。

＊

実家は父母両方とも医者の家系なんです。父方は肛門科医院を開業していました。母方の叔父は鈴木二郎という脳外科の権威で「もやもや病」を名付けた人です。医者以外の親戚ではサトウハチローがいる家系です。

四歳の頃に父が亡くなり、母の故郷がある仙台へ引っ越しました。

僕が初めて接したオールナイトは、小学六年生の頃に聴いた亀渕さんの放送です。その時、「楽しい人だな。一人で喋ってスゴく良いなあ」と感じたのを覚えています。

七二年の放送のことも記憶に残ってますね。ポール・マッカートニー&ウイングスの「C・ムーン」がBBCの「トップ・オブ・ザ・ポップス」で紹介されているテープを入手したって話題を話していた回です。

すぐにそのテープを聴かせてくれるのかと思いきや、亀渕さんは引っ張るんです。ポールのトピックとかイギリスの音楽番組へ派及する内容で、どんどんどんどん話が拡散していく。僕が「もう眠いんだ、やめてくれ」ってギブアップしかけたあたりで、ビシッとお目当ての「C・ムーン」がかかるんですよ。さんざん引っ張られた曲がレゲエ風の小品だから、さらにビックリ(笑)。CMの入り方とか抜群で一生忘れません。

医者になれというプレッシャーを抱えつつ中学、高校と放送部にいました。全国の高校生が目標にしている「NHK杯全国高校放送コンテスト」の朗読部門で宮城県で一位、全国四位になっています。賞を受けてスポットライトを浴びたりすると、それが忘れられない人がいるとよく聞きますが、僕の場合は「あれ？　なんか違うな」と感じていました。

僕が大学で専攻していたのは「ニュース・ディフュージョン」＝news diffusion、情報の伝播の研究です。パニックの防止や、逆に噂を広めるにはどうしたらいいか？　みたいなことを学ぶ場所でした。

その頃、在籍していた放送研究会ではＤＪをやったりラジオドラマを作ったりして楽しかった。大学同士の交流もあってラジオドラマの発表会をしたりお酒を飲んだりしてたんですが、仲のよかった立教大学放送研究会の上柳昌彦君は一年生の時から、かっこよくてできる男として有名でしたね。その後同期でニッポン放送に入社することになります。

三年生時に、東急目蒲線に揺られていると「第一回アマチュア声優コンテスト　ニッポン放送」というパンフレットを持った人が目に入りました。瞬間、「あ、面白そう」と感じて応募したんです。七九年当時、アニメ『宇宙戦艦ヤマト』の人気で第一次声優ブームが巻では起きていたそうです。だから応募者数が二万三千人だったと、後で知って驚きました。そのコンテストで結果としてグランプリを貰ってしまいました。特典は『未来少年コナン』映画版、ニッポン放送のラジオドラマ・バラエティ「夜のドラマハウス」の出演でした。ヒット曲にちなんだドラマを声優が演じる番組で、プロデューサーの上野修さんが立ち上げた企画です。その「ドラマハウス」の収録が僕にとって衝撃でした。

スタジオには声優さんがいる。テープレコーダーの前にSE（効果音）担当の方が陣取ってボリュームに指をかけていました。確か、放送作家までボリュームのつまみを握ってました。で、航空機が飛ぶ音がバーッと入ると同時に、上野さんの「始めるぞ」の一声でスタートです。

上野さんはまさにオーケストラ指揮者でした。効果音、声優のセリフ、音楽が渾然一体、ダイナミックに一気にまとめ上げられていく。それに触れて僕は「なんて面白いんだろう。この会社いいな！」と心が震えてました。

就活でいろんな企業を受けましたが、腕試しに受けたNHKのアナウンス部と、ニッポン放送から内定をもらい、思い入れのあるニッポン放送に決めました。

## ■入社当初は編成部へ

八一年四月、僕は入社してすぐ当時の編成部に配属になりました。めちゃくちゃ優秀な先輩たちの中でいつも「一番若い松島、柔らかい頭で何かない？」と言われ続け、「えっと、あ、ありません」みたいなことの連続でした。当時編成部のエリートは「編成の佐々《さっさ》、吉村コンビ」と言われていた佐々智樹さんと吉村達也さんの二人で、森谷さんとほぼ同じ世代だったと思います。

編成部に配属になった新人時代に北陸放送のラジオプロデューサーだった金森千栄子さんの講演会で貴重なお話を聞く機会ありました。当時「日本列島ここが真ん中」という月曜～金曜午後のワイド番組を担当されていて、金森さんがラジオならではの素晴らしい特性としてネーミングしたのが「知恵の譲り合い」という考え方でした。

この番組は一日ワンテーマでラジオカーを駆使して金沢市近郊をリスナーの情報をもとに走り回り、情報をもとにその場所に行くと、その場所の人やリスナーからの情報電話で、「そんならここ行ったほうがいいよ」「そのことなら面白い人がいるよ」と新しいネタを教えてもらうことで、次々に新しい面白いことが生まれてくるというものでした。リスナーの知恵がパーソナリティというハブにどんどん集まって、転がっていくような番組です。この「知恵の譲り合い」という言葉はその後の僕の番組作りの指針のひとつとなりました。

## ■編成から制作へ

八三年の夏頃でしょうか、亀渕さんが制作部長だった時期だと思います。「早稲田大学の劇研で第三舞台という劇団を始めた面白い人がいる」と話が来たんです。亀渕さんが若い僕を行かせとけと、その話を振ってきた。

僕は録音機材を持って、早稲田を訪ねました。普通は役者を薦めるものなのに、演出家を売り込むというのが不思議でしたね。で、オススメの鴻上尚史という人の声を録って、亀渕部長に聴いてもらったわけです。

「うーん、何を言ってるか録音状態が悪くて全然わかんないな。だけど、言葉に勢いがあるよ。リズムもある。イケるかもしれない」

部長は細かい内容は聴かず、岡崎さんを付けるからオーディションを録るように指示が出ました。

鴻上さんを呼んで録音を済ませたら、岡崎さんが「見つけたね」みたいに言ってくれたのが嬉しかったですね。岡崎さんも鴻上さんを起用するのに賛成だから、亀渕さんに推薦してくれて。

その年の秋、制作部で「玉置宏の笑顔でこんにちは！」を担当していた方が出版部門へ移ることになり、欠員が発生することになりました。その補充に亀渕さんが僕を推してくれて、十月に編成から異動になりました。しかも朝番組の補充だったのを、「やらせるなら鴻上を任せて欲しい」と言い添えてくれたんです。

## ■聴取率の洗礼

鴻上尚史さんは八三年十月七日から金曜の二部で喋り始めます。始めるにあたって、諸先輩からの薫陶、「猿真似だけなら誰でも出来る。人がやってないようなことをやれ」は大事にしようと思いました。そこで「裏コピーコーナー」という物が売れなくなるキャッチコピーを作る企画などをやってみました。

だけど、最初の聴取率調査週間で「＊」（通称コメと呼ばれる）を取ってしまったんです。＊は〇・〇四パーセント以下。ハガキは既に五百枚は届いてましたから、この反応であの数字なのかと悩みましたね。鴻上さんは、「恥をかかせてしまった。将来を潰してしまった気がする」と僕に謝ってきたんです。その時ですね、「俺はこの人とずっと本気でやらなくちゃいけない」と痛感しました。泥まみれで何でもやってやろう、と。

僕は＊を取らなかったら、アクセルを踏まなかった気がするんです。この数字の重みは僕より彼の肩に重くのしかかったはずです。放送をやるのは楽しかったはずなのに、最初に数字というものを意識させてしまったのは申し訳なかったと思ってます。

だけど、ゼロスタートから始めた意味はあったと思います。最終的には〇・六取れて、谷山浩子さんと並んで時間帯最高聴取率を鴻上さんは取ることが出来たんです。

その頃、鴻上さんとの打ち合わせは前日の朝九時に二人で角突《つの》き合わせる感じでやってました。すると、出社してきた亀渕さんが、「君らの顔を見ると今日が何曜かわかるね」と声をかけてくれたのが、やけに嬉しかったのを覚えています。

この本にたびたび出てくる聴取率＝レーティングは実はホントにホントに重いものなのです。

＊

レーティングを取るために他局を徹夜で聴くとか、バカなことをやってましたよ。どこにもない放送を探すための切磋琢磨というやつです。「ダメだ」という言葉は一切使わない会議とか発想トレーニングもやりました。

発想トレーニングには、こういうのもありましたよ。「十円玉の硬貨以外の使い方をなるべく多く考えてください」。これを五分で考えろってもの。松島さんの回答をせっかくだから紹介しますね。

彼は二十近く思いついてるんですけど、常識的なのは「おはじきをして遊ぶ／紙に丸を書くのに使う」など。ユニークなのが、「サンダルに貼り付けて健康サンダルにする／牛乳瓶に貼って花瓶を作る／平等院鳳凰堂を子供に教える／ずっと手に握って汗が出るのを楽しむ」など。このトレーニングについて、松島さんは以下のように効能を話してます。「最近ディレクターと話をすると『企画、アイディアが浮かばない』と言う人が多いです。こういった連想の訓練は研修でアメリカに住んでいた時に自己啓発セミナーでやったものです。他の人のアイディアに触発されることも大きく、おすすめです」

聴取率問題に戻ると、オールナイトの深夜一時からの枠は二十四時間あるレーティングでは死角、参考記録扱いです。公式には朝五時から深夜一時が記録になります。だから鴻上さんが担当した金曜の三時は数字を気にせず、勝手にやっていい時間なんですね。

でも文化放送やＴＢＳのライバルがいるから競争が生まれちゃう。他局より数字が良いに越したことはないという見方が一般化してしまったわけ。それを最終的にリベンジした鴻上・松島コンビに拍手です！　さて、松島さんのお話に戻りましょう。

## ■扇動者・鴻上尚史が発動

鴻上さんはアジテーション、リスナーを巻き込んでいく感じが痺れるほどいいんです。たまらず叫ぶ声もいい。後に本人から伺ったんですが、彼は早稲田出身だし政治家もいいなと思ってたようですね。だけど演劇にハマったわけです。でも、彼の扇動力はかなりのものだと思いますよ。

朝五時に放送が終わるんですけども、鴻上さんは「六時に日比谷公園の前でジェンカを踊る」と宣言したんです。「俺は一人で行って踊りたいだけで、お前ら絶対来るなよ」とも。するとリスナーが三百人くらい集まるんです。「来るな」という反語的なアジテーションを受け取ったんですね。で、坂本九の「レットキス」を流して踊り、終わったら、「じゃあ、さようなら」ってだけ（笑）。

リスナーは圧倒的に男が多かったですね。そのリスナーたちと、一部・二部をまたいで番組で遊びました。鴻上の一部が始まってすぐやったのは「チップスカンパニー号」です。サンプラザ中野くんのオールナイトニッポンが、チップスカンパニーというポテトチップスを盛り上げる企画をやっていたのですが、残念ながら形にならないで番組が終了したため引き継ぎました。当時行先のわからないミステリートレインが流行りはじめていました。それで新宿から大月まで貸切の列車の中からの生放送をやったんです。二部のパーソナリティ、久本雅美さんが途中、電波状況が悪くて音が途切れる時に「こーかみー!!」と叫んでつないでくれました。

## ■何がいまの時代を映しているのか？

鴻上尚史のオールナイトで一番数字をとったのは、一部で「真夜中のコンビニエンスストア荒らし」をやった際の一・九パーセントです。その頃はコンビニエンスストアがセブン－イレブンの名のとおり、朝七時から夜十一時の営業が普通でした。放送当時、ボツボツ終日営業の店が現れ始めてました。そこで考えたのが、ターゲットにした店（鴻上さんが臨時店長）にリスナーが牛に群がるピラニアのように集まり、陳列棚をカラにしてしまおうという生放送企画です。

あらかじめニッポン放送の営業部を通じて有楽町のコリドー街にあったセブン－イレブンに交渉して実施の運びになりました。コンビニのカウンターの中で鴻上さんが脚立に上ってハウンドドッグの「ff（フォルテシモ）」を歌い、コンビニに殺到してリスナーが買ったものをガンガンふりながら応援する中継が実現しました。二部の久本雅美と繋ぐと、「そんなことやって何が面白いの？」という反応。まさに狙い通りでした。時代を反映したシチュエーション、イベント会場出現の瞬間でもあったんです。

かつてオールナイトでビアフラ救済活動を行えたのは、生放送で新聞を手にした亀渕さんの発想からでした。その後、あのねのねがロッキード本社に電話した事件も新聞ネタを心躍るエンターテイメントに昇華させた例です。時代を反映して企画やモノを生み出していくということこそ、オールナイトのパワーだと思っています。

## ■社会を巻き込んだ鴻上オールナイト

「ピザピザピザピザって十回言ってみて」の違うパターンを募集したコーナー、「10回クイズ、ちがうね！」の本（鴻上さんがデーモン小暮閣下をひっかける形でカセットブックも発売）も出ました。「究極の選択」も番組からのヒット企画でした。「ドラゴンクエストⅢ」のエンディング曲の「そして伝説へ…」の歌詞をリスナーから募集して鴻上さんが歌う暴挙も（笑）。ジャケ写撮影にはリスナーがコスプレで参加してくれて嬉しかったです！　代々木駅「落書きの天才」展など鴻上さんが周りを巻き込む勢いは最後まで凄かったですね。

森谷さんはよく、「聞いてない人が番組のことを知ってるようでないといけない。社会性がないとダメだ」と言ってました。その意味で鴻上さんは「10回クイズ」「究極の選択」などで社会を巻き込めたと言えます。

個人的に思い出深いのは八八年三月に始めた「ジュニアからの手紙」という企画です。当時、中井貴一や、高嶋政宏・政伸兄弟などジュニアブームでした。それで架空のジュニアからの手紙を募集しました。舘ひろしの息子、舘ぱなしがハガキがくるみたいな。その紹介の時、不意に鴻上さんが「売れない演歌歌手の子供ってどんな感じ？　悲しいのかな？」みたいに話したんです。すると、「僕は売れない演歌歌手、鏡五郎の子供です」ってハガキが来た。

ラジオ放送で一番楽しいのは、企画が一回だけじゃなくて二回転がるような展開が来た時なんです。だからチャンスだと、返事を書いて電話出演を申し込みました。そこからは勢いでたたみ込んでいく。お父さんの鏡五郎本人が出演したり、歌を披露してもらったりしてね。それで「ジュニアブームに一石を投じる」とかなんとか理由をつけて、面白いので息子さんが歌うＣＤを出そうと（笑）。デビューにあたって鴻上さんが命名した鏡五郎の息子の芸名はズバリ「鏡五郎の息子」。歌詞はリスナーから募集して、鏡五郎の曲も紹介するカップリング・キャンペーンもみんなでやりました。出たらチャートインさせようというパーソナリティとリスナーが一体化するノリが楽しかったです。

その後日談があります。鴻上さんのTwitterに数年前「鴻上さん、鏡五郎の息子です」というツイートがあり、「松島！　すごいことがあったぞ」と教えてくれました。鏡五郎の息子こと、当時中三だった山中孝真さんは作曲家、音楽プロデューサーとしてゲーム音楽、鏡五郎の息子のおやじこと現役演歌歌手鏡五郎さんの曲を書いてるんです！　『アメリカン・グラフィティ』のエンドロールを観る思いがしました。

## ■「てるてるワイド」から学んだ

バカバカしさの追求という命題は、僕が考えたことではないんです。編成部にいた時、僕はニッポン放送の夜の帯枠を脅かしていた吉田照美さんの「てるてるワイド」を研究する要員だったんですよ。

入社時に負け始めていて、程なくレーティングで完敗を喫しました。編成部としては、吉田さんの放送を分析するのが急務になったんですね。その役目を仰せつかったのが若手の僕だったわけです。

文化放送「てるてるワイド」から学んだことは凄く多い。制作陣が標榜していたコンセプトが「バカバカしさの徹底追求」でした。彼らの企画の「ティッシュの箱をどこまで投げられるか」みたいなバカに触発されたことが、鴻上さんの放送で活きたと思います。

そして超目玉の企画を立てることも大事だと教えられましたね。リスナーが完全に引っ張られて、周囲も騒ぎ出すようなものは強力です。現在も「ああ、○○をやってる番組」と言われることが大事だと思います。

## ■サンプラザ中野くんも「青春路線」だった

鴻上さんが金曜の一部になる前、その枠はサンプラザ中野くんが喋っていました。中野くんの喋りは最初うまくなかったです。むしろ、ほとんど喋れないという状態から始めました。

リスナー参加型のイベントとして、「幻の商売繁盛　えーらいこっちゃ」というのがありました。売れない店を満員にしてしまおうという企画で全八回開催したんです。お店を助けてあげようという正しく美しい行いという面の一方で、自虐的にガチでつぶれそうな自分の家の店を嘆く息子、娘、大騒ぎしたいエネルギーのありあまったリスナーたちがいたずらで盛り上がるという感覚が二重の面白さとなってオールナイトらしい熱気を作り出しました。結局、涙ぐむ店のご主人や息子、娘たちの姿に感動しちゃったりするわけですが。

第一回目は一日三十人くればいいくらいという、横浜のラーメン屋さん。次が横須賀の銭湯（全員水着で集まる）、それから総武流山電鉄や、台東区の牛乳屋など。それが札幌から福岡までの六都市ツアーに発展し、堀金村（現・長野県安曇野市）の村おこしでフィナーレになりました。

放送開始から約一年後、八六年の六月に上野動物園のパンダに子供が生まれたんですね。で、名前を一般公募するというので、中野くんが「じゃあさ、ズイズイ（註：中野は放送中、「好きなことをズイズイっとやる」など、「どんどん」に近いニュアンスで使用）にしようぜ」と提案したわけです（笑）。リスナーもこれに応じて第二位までランクアップしたんですね。だけど、番組の組織票ってことになり、トントンに落ち着いてしまいました。

## ■ラジオはさまざまな喜怒哀楽を届けるもの

中野くんの放送には「スクール・トゥモロー　学校で生き抜くために」というコーナーもありました。

最初は彼にとって深夜放送と学生生活が密接に結びついてた経験から、「学校生活って今、どんななのかな」って話から始まったんです。校則の問題もあったし、ラジオを聴いてる子の中には学校に馴染めない人もいるはず。だから、「うまくやりくりして生き延びようぜ」みたいに始めたんですね。

するとイジメ被害を訴えるハガキが山のように届いたんです。これは中野くんをはじめ番組スタッフにはショックでした。当時は中野富士見中学のイジメ自殺事件などが報じられていました。だけど、こんなに全国の学校でイジメが横行しているとは、僕も思いもよらなかった。

ディレクターとしては想定外でした。紹介するにしても、番組の明るい内容とのギャップが凄くある。一瞬、どうしたらいいのかと悩みました。だけど、中野くんと話し合い、「スクール・トゥモロー」の時間だけでも、問題と真摯に向き合うということで一致したんです。ハガキの紹介の時、彼は泣きながら読んでました。この番組でイジメを根絶させることは出来ない。けれど、「こんなに苦しんでる人がいる」という事実を届けることだけは出来たとは思います。

「声なき声」というと、オールナイトのイメージと離れてるように思われますが、さまざまな喜怒哀楽を届けるのはラジオの良さなんじゃないでしょうか？　中野くんの放送では「ラジオが出来ること」を、新たに教えてもらいました。

## ■小泉今日子のオールナイト

僕は小泉今日子さんのオールナイトでは二人目のディレクターでした。彼女はトップアイドルで超多忙。やっと実現した短い打ち合わせでは、僕が「コレ、いけそう」というのは全部提案してみました。その中で「面白そう」と彼女が言ったら即やってみる。

キョンキョンの「面白そう」はヒットが多かったです。感性の豊かさがあるからでしょうね。彼女は銭湯が大好きで、自分でも銭湯に行くって話をした時がありました。あの壁画がどうにかならないかな、みたいな流れになったので、渋谷区にある銭湯の絵を小泉今日子が描くという企画をやりました。

男湯と女湯にそれぞれ青い象さんとピンクの象さんがいて、水を出し合って男湯と女湯にかかってる絵でした。今ではその銭湯は廃業してしまいましたが、ちゃんと絵は保存してあるそうです。

あとは、キョンキョンは子どもや童話が好きでした。だから僕が「幼稚園とか行ってみる？」と誘ったんですね。すると、「行く、行く！　幼稚園用の椅子なんてこんなちっちゃいのよね」と乗り気になってくれて。

小泉さんに来てもらいたい園を募集して、その園へ録音機材を持って彼女と行きました。ラジオはこういうところが楽しいんです。キョンキョンと園児のやりとりが自然でやたらおかしい。

「キョンキョンは男いるのォ？」

「えー、いるよー」

なんて放送に流れちゃった（笑）。彼女のマスイメージと違う一面がリスナーに知られる楽しさは他のメディアにはないと思いました。

## ■ビッグネームとの仕事

八八年四月、新たに土曜日の松任谷由実さんを担当したのは、森谷さんの「やってくれる？」という一声から始まりました。当時、すでにユーミンは歌手のキャリアも長く、ラジオでも喋っていましたから、僕が好んで担当する、世間的には未知のキャラクターと違う。松任谷さんにも考えがあるだろうし、僕なんかが何か言える立場にないんじゃないか、などと担当を振られた直後は考えました。

だけど、それは杞憂でした。松任谷さんは、「まず、お話を聞きます。仰った感じでダメなら、ダメでもいいので」というオープンなスタンスでした。これはありがたかったですね。でも、始まって半年は、申し訳ないことにピシッとユーミン色が出せなかったです。

まず、スタジオ内で一人喋りするオールナイトのスタイルに松任谷さんが慣れていないことがありました。スタジオ内に誰もいない中で喋るというのは、普通はキツい。孤独な環境でマイクの穴から声をリスナーに届けるというのは、本当に難しい行為なんですね。

三ヶ月間の一クールはパーソナリティ的に辛かったと思います。本人も「やめようかな」と考えていたそうです。

それがだんだんと土曜日の夜が弾んでくるようになったのはリスナーの力だったんだと思います。

ある日、中学生から、「ユーミンって学校の面白い先生みたい。これから『ユーミンちゃん』と呼んでもいいですか？」みたいなハガキが来たんです。あの一通から変化が始まった。送られてくるハガキを読む彼女の声からわかりました。本当にハガキが嬉しいという感情、それが番組にリズムを与えてきたというか。彼女のパブリックな面と違う顔が新しく見られた、という感じです。僕も彼女のファン層とは違うターゲットを想定して、番組を作ろうと考えることが出来ました。リスナーになってくれた中高生に感謝です。

よく覚えてるのは、「お色直しジャック」という企画です。ユーミンがリスナーの結婚祝いのメッセージをテープに録音して贈る。それを披露宴で流すと会場がざわつく。「スゴい！　あなた友達？」「ファンなの」「キャー」みたいな。真面目にメッセージを送る一方で、「ユーミン」が仕掛けた大騒ぎの時限爆弾を送りつけることで、「ユーミン」を利用して遊んじゃおう！　といういたずら心もありという二面の構造を持っていました。みんなで流行らない店に押し寄せて大騒ぎ、でも店主が嬉しくて泣いている「幻の商売繁盛え〜らいこっちゃ！」も同じ構造です。二つの側面を持つものはヒットする性質があると思っています。

例えば、ニッポン放送で驚異的聴取率を誇る「テレフォン人生相談」も二面性を見出せます。本気で相談するリスナー、回答するパーソナリティがいるという面。他方で「こんなアホな相談する人がいる」と大笑いしたり、パーソナリティの説教を聞いて「いいぞ、もっと言っちゃえ！」と溜飲を下げる一面もあります。

## ■「Valentine's RADIO」誕生エピソード

僕は松任谷さんに限らず、パーソナリティとは時間が許す限りは話をするようにしていました。

ある夜、「ユーミンを呪ってやる」みたいなリスナーのハガキが届いたんです。多分にジョークのつもりだったんでしょうけど、松任谷さんが「呪い返してあげる」と返答した。

その放送の後、彼女にその返しはないと怒ってしまいました。あの返事を聞いて、もしかするとハガキを出した人も傷つくかもしれないし、ファンも「え？」と感じてしまうかもしれないと思ったので。それで、お互い話をしました。ラジオって、目に見えないから、どんな反応を引き起こすかわからない。今のSNSの炎上と同じですね。

そうやってご一緒したユーミンの嬉しい思い出は、八九年にリリースされたアルバム『Love Wars』制作中の頃です。彼女から「ラジオのことがすごく好きになりました。何かお礼させてください」って切り出されたんです。僕は「ラジオの曲作ってください」って返事をして。すると翌週、「どうしても出来なかった。ごめんなさい」って頭下げられちゃった。僕も深く考えずに無理を言ったわけですから。でも、その翌週かな、彼女が「出来た」と。それが、「Valentine's RADIO」という曲でした。いやあ、それはとっても嬉しかったです！

## ■「あいつは誰だ？」を連れてくること

大槻ケンヂさんや久本雅美さん、古田新太さんなど多くのパーソナリティとの出逢いがありました。オールナイトのパーソナリティ起用を考えると、亀渕さんがよく仰っていた「登板投手を好きになってもらう」ということが第一。そして「あいつ誰だよ」と言われる人を連れてこないとダメだと思います。

タモリさんは、赤塚不二夫さんや筒井康隆さんといった方々の限られたサークルで密室芸を披露していた。四ヶ国語麻雀などのセンスをラジオ的にどう活かすかを岡崎さんは悩んだと思います。

タモリさんと同じく、所ジョージさんも「怪しいけど何か出来そうな人」だったと思います。二部で喋っていた稲川淳二さんも結婚式で司会をやってるさまがおかしかったから、本業がインダストリアル・デザイナーだったのに起用されちゃったわけです。

オールナイトのラインナップの全員が、テレビとかラジオ、雑誌で見て「こういう人がいるんですけど」みたいな起用のしかたでは全然面白くならないんじゃないのでしょうか？　妙な人を街場で見つけて、それがアクセントになって爆発するから、オールナイトが本来のオールナイトになれる気がします。

そして起用されたパーソナリティの喋りも大事です。この「一週間に起きたこと」どまりで普通終わる話を、ウソかホントかわからないけど面白く話せるかが「ラジオらしさ」に繋がると思うんです。

## ■現場は「お友達関係」ではダメ

現在の放送をリスナーとして聴いてて、「おや？」と思う時があります。各々が解決する問題なので、あえて若い世代のラジオマンに意見することもありません。だけど、この機会なので聞いていただきたいこともあります。

ビートたけしのオールナイトは未だに影響力がある番組です。パーソナリティの多くは、たけしさんと高田文夫さんの放送のイメージを抱えている。それはリアルタイムで聴いていたか、あの放送を真似た二次的なもので、「たけしがいて高田文夫がいるみたいな」と、その構図を話題にするのを耳にします。

基本はマイクの向こうへ一人で語りかけることなのに、「前にいる放送作家に話しかけるように話してください」と、ディレクターが口にしてしまう。すると、スタジオの放送作家も喋り出すわけですね。ディレクターの意識がパーソナリティに向いていない状況がそうさせてしまうんです。

　森谷さんがディレクションした、たけしさんのオールナイトを僕は一回目から聴いていますす。スタートの三ヶ月は、高田さんの存在は感じませんでした。一クールで、たけしさんが一人喋りをマスターしたので、高田さんが間に入っても、その後は心地よいノリで進んでいった。だけど、私見では森谷さんとたけしさんが頑張った三ヶ月がなかったら、ブレイクはしなかったはずだと思います。

　その一クールを無視して、高田さんとの掛け合いのイメージを後に続く人が引きずっているのはマズい気がします。

　と、いうのも、パーソナリティと放送作家のお喋りの場になってしまうと、スタジオは指揮系統も失われ、ディレクターとパーソナリティの戦いの場ではなくなってしまう。孤独に、自分を賭けてマイクに向かう言葉の送り手が誰かに甘やかされているのはリスナーにとって充分な放送といえない。さらに共依存してるようなペアが出来てしまうと、そのペアは他の放送局で、また馴れ合いの放送を始めてしまう。そういう事態はラジオ本来のものではないし、とても悲しく思います。

音楽プロデューサーの酒井政利さんが語った言葉に、「ディレクターとタレントの仕事の按分は、ディレクターが五十一パーセントでタレントは四十九パーセント。それを守っていかないと必ず崩れる」という趣旨のものがあります。相手のご機嫌を伺い、プロモーション計画に乗せられてしまうと「ノー」と言えない関係になってしまう。ディレクターが最初にしくじれば、放送作家とパーソナリティの関係を見て、「放送作家を抜きますね」と言えなくなる。最初のスタンスというのは大事なんです。

森谷さんは、そういった事態を許さないところがありました。たけしさんのオールナイトの末期、八九年に「ラジオビバリー昼ズ」が始まります。その際にも森谷さんは僕へ「絶対に高田さん以外の人にハガキを読ませちゃダメだ。アシスタントが読んだら終わりだ」と言い、「それと高田さんを『先生』と呼ばせてはいけない。リスナーから『文夫ちゃん』と呼びかけられるように持っていけ」と命じました。

この一貫したスタンスは凄いです。現在は長寿番組になって、高田さんも「先生」という年齢になりました。最初の森谷イズムがあったからこその現在なんだと思います。

ラジオの仕事は仲間ではあるけど、ちゃんと区切りがないといけないです。そういう関係を「寂しい」と思う人もいるかもしれませんが、番組で互いに戦って喜ぶというのは、お友達関係では味わえないものです。

**■先輩たちの教え**

**羽佐間さんたちがオールナイト第一世代、私や岡崎さん、宮本さん、森谷さんを第二世代とするなら、松島さんは第三世代と言えるのかな。彼は先輩のラジオに対する考えを継承した人だと思います。その彼がいまだに大事にしている教えを、今に伝える意味でいくつか伺おうと思います。**

*

亀渕さんの言葉で覚えているものに、「企画は生もの、世に出た瞬間から腐り始める」という教訓です。「その場で採用されない空気なら保管しておけ。時代が変われば少しスパイスを加えれば使える」とも。自分で考えた企画を卑下することはなくて、考えた以上は「面白いはずだ」と信じろという意味も含んでました。

同じく「カメちゃん語録」として、「レコードプロモーターはレコードを売りに来ているんじゃない。まず自分を売りに来ているんだ」という言葉もあります。これは、自分の話を聞いてもらいたければ自分が受け入れてもらえる工夫をしよう、出演やギャラの交渉もうまくコミュニケーションを取ろう。「優秀なレコードプロモーターを見習え！」という言葉です。

岡崎さんの教えもあります。オールナイトには二つの考えがあるというものでした。一つは、「最初に塁に出るような一番バッターを揃えること、そしてそのバッターが十倍、百倍のギャラでテレビに持っていかれることを喜ぼう」。タモリさんは、その代表格だと思いますね。

で、二つ目が、「有名人、あるいはオールナイトで有名になり放送を続けてくれるパーソナリティが、あらゆるメディアに出てもオールナイトの活躍が一番面白いと言われるようにすること」という。つまり、オールナイトでしか彼・彼女らの魅力が聞けないようにする努力ですね。オールナイトのブランド力を高め、維持するテーゼとして重要です。

「タモリのオールナイトニッポン」でやっていた「つぎはぎニュース」があります。リスナーたちが知恵をしぼってクリエイティブな作品を送ってくれる場でした。

そんな最高の場を作った岡崎さんに、この企画について聞いてみたことがあります。

「松島くん、これってパロディなんだよ。わかる？　つまりみんなで面白がって聞くという側面の一方で、NHKのニュースがどこを切っても同じ、楽しいことも、いつも同じっていうことを笑っているんだよね」

これも先ほど述べた二面性を内包した企画というわけです。

森谷さんの教えは、「ファンクラブ通信にするな。一曲目にパーソナリティの曲をかけるな」というものでした。番組はリスナーが作る（前に述べた金森千栄子さんの講演で伺った話。知恵の譲り合いで生まれる番組を指します）けれど、人気を過信して馴れ合わないようにする。ノってくれれば、ちゃんと応じていくのも大事ですが。そして曲は、どう聴かせるか、その紹介の仕方で印象は全然違うわけだからアイデアを持ってかけろ、という。

これは局の先輩ではないですが、学んだ一言もあります。秋元康さんが作詞でヒットしてきた頃に食事をした際、「ラジオは、ええかっこしいが一番嫌われる」と仰ったんですね。

僕は「なるほどなあ」と腑に落ちました。「ええかっこしい」を、そうでなくするにはどうしたらいいのか。

鴻上さんのオールナイトで「浪人天国　悲しみが止まらない」という企画がありました。番組は受験生がたくさん聞いていて、二月末くらいに浪人が決定した学生、浪人生を元気付けたいという気はあったのですが、「ダメだったかあ、頑張れよ！」では「ええかっこしい」の放送になってしまう。

そこで考えたのが、三人の学生が電話で次々に出てきて鴻上さんに「大学に合格しました！」と喜びの報告をする。ところが今、電話に出た一人だけは浪人が決定していて嘘をついていています。さてそれは誰でしょう？　というクイズ企画にしたんです。一見残酷な感じもしますが、浪人生も喜んで来年への決意を鴻上さんと話し、激励される遊びに参加してくれている。これならば媚びない。「ええかっこしい」にならず、オールナイトらしさが成立したと言えると思います。

オールナイトの企画は、先輩たちにやりつくされてしまったと僕も思っていました。ですが、新しい時代を上手にすくいあげて新しいものを生み出すことはきっと出来るはず。

一ヶ月前、一年前、十年前に出来なかったことは何か？　その時はなかったけど今は可能になったことは何か？　それをどうすれば「音になるか？」を考えることが、オールナイト「らしく」なることなのではないかな、と。逆に十年前にもやれたであろう企画はオールナイトではないとも言えますが……。

# 第6章

# ラジオほど楽しい商売はない

## ■ラジオはくだらないけど良いメディア

それでは才能あるディレクター四人組のお話を踏まえて、オールナイトを生んだメディア、ラジオについて、もうちょっとお喋りしてみましょうか。過去の話題だけではなく、未来のオールナイト、ラジオを考えることも五十五周年で大事なことだと思うので。

二〇一八年、世界的に大ヒットした映画『ボヘミアン・ラプソディ』を覚えていますか？公開時、若い人が殺到してましたけど、私らなんかのような若くない人も多く映画館に来てました。

この映画を観てるとラジオにとって良いところがあるんです。

ラストあたりにフレディ・マーキュリーがライヴ・エイドというイベント、アフリカのチャリティに出演して何曲か歌う。その中に「レディオ・ガガ」（レディガガの芸名の元ネタ）があって、これが一番、私に響きましたね。

「ラジオっていうのは、いつもくだらないことを喋っているんだよ。内容のないことを喋っている。でもラジオって素晴らしい」

我流に要約したら、そんな調子の歌です。ホント、その通りでこれまでに語っていただいた才能あるディレクターの心根と共通していると思います。エラいよ、フレディ。

## ■ラジオの持つ「生活」の強み

本当にね、私がパーソナリティ時代からずうっと、オールナイトはくだらないことばっかり喋ってますね。

そこには良い番組、悪い番組はありませんよ。みーんな悪い番組ばかり（笑）。そんな悪い番組が五十五年も愛されるというのは、くだらない喋りの中に「生活」があるからでしょうね。

生活には本当の真実が潜んでる。夫婦の会話を思い起こしてくださいな。振り返ると馬鹿馬鹿しい口論にだって、人生の大事なことが混じってたりするじゃないですか。

それってリスナーとパーソナリティの絆の源泉なんじゃないかな。生放送の時は、このくだらないけど大事っていうものを感じることが多いです。

すでに十二年が経つ東日本大震災の時、地元に厚く信頼されていた東北放送のアナウンサーの「落ち着いてくださいね」という声が多くのリスナーの安心を呼び起こしたのも、そういった生活の絆があったからでしょう。日頃から慣れ親しんだアナウンサーの声が隣人に感じる。その大事さが、非常時で発揮されたというわけです。

オールナイトという深夜番組も時に応じて臨時ニュースをお届けするわけですけど、リスナーへの親和力の強さから歴史に刻まれた出来事があります。八八年の上海列車事故は、たけしさんのオールナイト放送時に伝えられました。犠牲者の中にリスナーやその関係者がいたらと考えると辛いと、たけしさんが去り、アナウンサーと高田文夫さんでニュースを報じた回を忘れてないリスナーが数多くいます。

## ■やっぱりラジオは若い人に聴いて欲しい

よく講演などで訊かれるのが、「放送のあり方は今と昔では変わりましたか?」という質問です。

一時期、NHKの「ラジオ深夜便」が話題を呼んでました。九〇年代後半から二〇〇〇年代前半、radikoの登場までは民放深夜の脅威でありました。それは若いリスナーが聴いていない、つまりラジオの高齢化が進んだ証拠だったわけです。

私はオールドファンも大事だけど、当時も「やっぱり若い人に聴いて欲しいな」と願ってました。ラジオなんて古いメディアだけど、毛嫌いされないように変化は必要だ、と。オールナイトを支持してくれた、若い層が夜を支えてくれないとラジオの意味って大きく損なわれる気がするんですね。お爺さん、お婆さんにも聴いて欲しいけど、ラジオは変わらず若い人も獲得しなくちゃいけない。テレビより早く新しい音楽や笑いを発信、拡散していったメディアなんですからね。

現在はradikoのお陰でリスナーに若い人が戻ってきてくれています。だけど、安心してはいられません。アプリ聴取だけではなく、ライブ放送の数字も伸ばしていって欲しい。それには「誰もやったことのない企画」「猿真似じゃないもの」にチャレンジするしかないと思っています。その基本は昔も今も同じなんです。

テレビを眺めてると、どの局も頑張っていても、ほどよく均質化されて差別化されてないですね。ただしテレビ東京系は、どんな深刻な時でもアニメを流すあたり徹底して気を吐いてますけどね。

でも、放送文化的に一国でこれほど同じようなチャンネル揃いの国は珍しいと思います。イタリアもかなり小さい放送局がありますけど、ローカル色や政治色など各々違います。日本はメガ放送局が横並び。放送姿勢もどんぐりの背比べです。

これは損してるなあ。元経営者としては仕方ないじゃん、と思う一面、多様化した現在に追いつけない元凶になってると感じます。ラジオも野球放送で差別化してきた過去がありますけど、東京各局の編成、そんなに大きな違いはない。

radikoアプリのエリアフリーで地方局を手軽に聴けるからやってみてください。各局、方言とか、ニュースなど地元色が横溢《おういつ》しています。各局のパーソナリティたちも頑張っています。各地には面白いラジオ番組がたくさんあります。だから、全国でそうしたことを続けていくことがラジオ業界の発展につながります。ラジオって他のメディアとはちょっと変わっていて面白いものだということがおわかりになると思います。

だけど、それだけじゃ物足りないとも思う。アメリカでラジオを聴いた方なら自明ですけど、ロサンゼルスとサンフランシスコ、ニューヨークとフィラデルフィアなど各都市に放送局がたくさんある。しかも宗教番組や音楽番組、政治、スポーツと専門局で分岐してるんですね。アメリカのローカル局でボブ・ディランやニール・ヤングが喋ってたり、自然にやっています。リスナーの好みで切り替えて楽しめるようになってるんですね。

これがベスト、とは断言しませんが現代のニーズには近いんじゃないでしょうか。アメリカのテレビメジャー局だって、「CNNは最近、リベラル寄りだ」とか「FOXは体制べったりだ」なんて、視聴者間で罵り合ってます。この状況はメディアの成熟という感じがする。

ネトウヨが「偏向報道だ！」なんて怪気炎あげるのに気圧《けお》されて「中立性を貫きます」という環境は幼稚だからなんじゃないのかな。視聴者も「そっちはそうなのね」くらいの度量を持つか、「相変わらず偏ってんなー、バカじゃない？」と面白がるくらい、成長しないといけないのかもしれない。

二十四時間の番組編成の中で、いろんなものの見方をする人がたくさんいてくれていいと思う。違う視点を持っている人が何人かいてくれるだけでも、この番組を聴いてみようかなってことになる。どうしてもタイムテーブルは似たトーンになってしまうから意識していないとダメです。

メディア全体の話になっちゃったけど、私が愛するラジオはそのくらい、多様性のお先棒を面白がってかついで欲しいです。

## ■楽観しつつシビアにやっていけば……

ネットのない時代と今とを真剣に比較論議するのは不毛な気がします。学校で話題になることはメディアが中心ということに昔も変わりはない。テレビ、ラジオかネット、配信かの違いだけです。焦る必要はない。メディアの成熟とは何かということと、自分が面白いことをやる目的を持っていれば大丈夫だと楽観もしてるんです。

時代ごとに聴く人もしゃべる人も変わっていくけれど、パーソナリティの選択を間違えずに、演出とターゲットをいつも意識していれば番組の寿命は長くなるとも思います。若い子たちは興味があれば自分の聴きたいものを探す。逆に番組を作っている人の方が古くなっているのかもしれない。昔の成功体験にとらわれ過ぎていて。それが一番の落とし穴かもしれないですよ。

これからのラジオは空中波だけではないから、私なんかが楽観論を述べても、「こっちは大変だよ」と叱られるかもしれないな。ごめんね。確かにタイムフリーではなく、ライブで聴いてもらうにはどうするか。そこんとこもキチンと考えないといけない。

以前、ラジオ局で番組を作ったり、社長さんをやった身としては、「（ネットの某に）やられたな」と嘆くのはやられた方の勉強不足が原因と言いたい。悔しがるより今の番組をガッチリ育てることに注力した方がいい。

オールナイトがここまで長く命脈を繋いでいる要因の一つはブランディングが出来上がっているからだと思う。大看板を掲げている威力がYouTubeと違うところなのかもしれません。

そのブランド力って、ほんの僅かな差でしかないので気を抜いちゃマズい。テレビでお坊さんだけのバラエティを見ちゃった時、まだラジオが手を出してない分野は多いはずだなあ、と感じましたから。これからもラジオがマスにウケる余地はありますよ。

## ■オールナイトはプラットフォームだった

私みたいな老体が長々喋ってるのもアレだから、ちょっとここで本書の四賢者の一人、松島さんに意見を求めてみましょうか？

**――私はね、ラジオの発信力はまだあると思うんだ。たとえば、いまだにアメリカのラジオでかかった「推し曲」がチャートインする現状があるわけじゃない。そのあたりネットも含めてどう思う？**

**松島**　ええ。僕もラジオからヒット曲がまだ出せると思ってます。企画ものの楽曲でも送り出せるパワーはある。

僕は仕事を離れても音楽が大好きなんです。それでライブ配信アプリのPocochaを使ってます。これを使ってカラオケを歌う人が結構いて、今その人たちが歌う曲がスゴく参考になるんです。昭和歌謡からシティポップ、今の楽曲と多岐に渡ってる。それらの情報を自分のアンテナに受け止めてますね。

**――そのアプリ、おじさん知らないな**（笑）**。面白そうだから、教えて。**

**松島**　端的に言えば、送り手が一人いて配信をしてるんです。視聴者は配信者へメールを送って、配信内で返事をもらう仕組みです。

**――なんかラジオっぽいね。**

**松島**　そうなんです。送られたメッセージに応える配信者側をライバーと呼ぶんですが、視聴者側はなんとリスナーと呼ばれています。で、双方のやりとりの感動の度合いがラジオとメチャクチャ似ているんです。

**――ライバーは顔出ししてるんでしょ？**

**松島**　ラジオ化されたヴォイスオンリーもあります。だけど、多くは顔出しですね。向こうが可愛い子だったりするでしょ？　そうするとリスナー的にはマンツーマン感覚が生まれて没入します。リスナー数は多くはないから、メッセージはかなりな頻度でリアクションされてくるんです。この世界観はちょっと驚きました。

**――なるほど個人局だね。作り込んじゃったら番組になるじゃない。**

**松島**　先日あるPocochaの男性ライバーが「サンプラザ中野くんのオールナイトで、初めてインディーズのブルーハーツを聴いた時の衝撃とその時に中野くんが紹介した「スクールトゥモロー」のハガキが忘れられず、それは自分の正義感の原点になっている」という話をしてくれて、僕は自分の素性を一切明かしていなかったのですが、偶然の出会いに感謝の意味もあり、「僕がその時スタジオからオンエアした、当時のディレクターです」と名乗りました。そのライバーさんは、「誰も覚えていないような話なのに、こんなことがあるのか……初めて、心からPocochaやっててよかったと思います」とその場で泣いていました。本当に不思議だらけの偶然の出来事です。こういう時にやっててよかったと思います。

**——嬉しいね。そのものずばり、ラジオっぽいエピソードだよ。**

**松島**　これ、なんでニッポン放送、もしくはフジサンケイグループが、こういうアプリを作れなかったのかなと真っ先に感じましたから。かつてフジはパシフィック音楽出版を作り、クレジットを言えば著作権料を払わなくていい枠組みを作ったわけで。ユーザーを「リスナー」と呼んでること自体が、もう本当に「抜かれた」という感じでした。ライバーは通常配信以外にイベントをやってみたり、試みのいろいろがラジオ的なんですよね。

**——だからといって今、配信アプリの開発を後追いでやるのは悪手になるよね。ソーシャルメディアでもTikTokが出てきて、従来のＳＮＳの潮目が変化したりする。その変わり目のスピードが速いから。**

**松島**　アプリを後追い開発するのは僕も賛成しません。Pocochaのバージョンアップは常に行われていくし、ライバーはおよそ二年単位で入れ替わっていく。だけどアプリに潜在する精神、そのラジオ感覚は生き延びていくと思います。

だから、次世代のリスナー（ネット空間や国内外まで視野に入るかもしれない）の受け皿というか、プラットフォームを作る視野はニッポン放送に欲しい気がします。既にアプリに抜かれている以上は。オールナイトは、番組というより局が創りあげたプラットフォームだったと思えるんです。だから五十五年の間、続いて来れたんです。それならば、進化形を送り出せるんじゃないかと。

**――SNSも煎じ詰めたら、モテたい人間のコミュニケーション・ツールから始まっちゃたわけだからなあ。発想をうまくやれば、ラジオ精神を活かした何かが出来るかもね。ポッドキャストも一大市場に欧米ではなっているし。**

**松島**　新しい試みをやっていくことはシビアに収入の面でも大事です。僕はラジオが好きだから、その可能性がまだあると信じているから、ラジオの良さを伸ばして欲しいと思っています。

## ■ラジオはインフルエンサーになれる！

私は音楽が好きでニッポン放送を退社した後もＤＪをやらせてもらったりしてます。だから今でも放送からヒット曲を出せたらいいのになあ、と希望を抱いてます。

現在のオールナイトでは、音楽の扱いはどのようになっているのか気になりますね。大事にされているのかな？　初期は音楽を大切にした結果、ザ・フォーククルセダーズのヒットを生めた。星野源さんのオールナイトは、ご自身がアーティストでもあるので曲をすごく大事にかけてるようですが。

若い人と音楽が一体であることは現在も変わりません。ラジオ局の成功例として、Ｊ－ＷＡＶＥやＦＭ８０２がありますよね。だけど、以前は洋楽はテレビでかからなかったから、ラジオの優位性があった。松島さんが言ったけれど、これからは昭和歌謡から今の楽曲までリスナーの感度をキャッチしたものを届けるのが肝要かもしれません。

その辺のことを、オールナイトきっての仕掛け人だった宮本さんにぶつけてみました。

**宮本**　ラジオがリスナーの感度をキャッチして、僕らの推し曲を届けてヒットさせる要素はあると思いますよ。放送局のパワーはあるわけですから、もったいないです。喋りだけならYouTubeでもいいでしょ？　アレだけ好き勝手に喋ってる。でも、多くのYouTubeはディレクションや仕掛けが不足してます。

**――確かに撮って出しが多いかな。予算の問題もあるしね。**

**宮本**　予算はラジオもないわけですね。やっぱり音楽をちゃんとかけて、きっちりと番組を構成していく意識を持てばヒット曲がラジオから生まれる気がします。

**――パーソナリティが発信源となる例は多いよね。小泉今日子さんが太宰治の『斜陽』読んでると放送で言ったら、書店が動いたとか。たけしさんが薦める古今亭志ん生を若い人が聴くとかあったね。**

**宮本**　だから、そのインフルエンサーでもあるパーソナリティの力をディレクターが、もっとたくさん利用して番組を作ればいいんです。最近は聴いていて、もうディレクターの手を離れて、パーソナリティが喋りたいことをべちゃくちゃ喋ってる感じを受けちゃうんですよ

**——ディレクションの存在は薄い気がするね。あえてディレクターが意図してやってるなら、目的がよくわからないけど。**

宮本　二時間なら、その時間いっぱいメリハリの効いた、起承転結ほどの厳密さは求めませんがアウトラインを引いてもいいんじゃないでしょうかね。かつてはフリートークが一般化してなかったので、それは新しかった。

**——だけどそのトークは演出されたものだったんだよね。インカムでディレクターとパーソナリティが結ばれて喋っていた。**

宮本　でも、今ではフリートークが当たり前になってる。ならばそれは古くて、構成された番組をやることが新しい放送になる。

**——うん、うん。温故知新だ。**

宮本　それに音楽をもっと番組でかけていい気もしますね。僕が学んだのは、トーク、ミュージック、お便りという三つのバランス。各々を番組中で三分の一ずつ区切る。三要素が長すぎても短すぎてもいけない。五分喋ったらコーナーへ移るか、曲に入る。その緩急はリスナーを惹きつけます。オールナイトでは一時間に五曲かけていましたから。

**――僕は先輩から「注意しなきゃいけないのは土曜と日曜の早朝」と教えられたな。局の重役がゴルフに行く途中でカーラジオを聴くかもしれない。あとは何をやっても大丈夫だ、聴いてないから（笑）。**

**宮本**　ホントですよ。今の作り手も好き勝手にやればいいんです。リアルタイムのリスナーが減ってると嘆くんじゃなくて、それを逆手にとって、「そんなに少ないなら好きにやってやる」と奮起して欲しい。

**――それはラジオ界全体に言える。問題点の一つは関係者がラジオを聴いてないこともある。互いの刺激が少ないと痩せるよね。**

**宮本**　必ず僕らには仮想敵がいましたからね。「パックインミュージック」や吉田照美さんの放送とか。相手の放送を聴いて刺激を受けて、乗り越えようと、いろんなバカな企画を編み出しましたから（笑）。

## ■未来のオールナイトに欲しいもの

これまでさまざまな話をしたり、聞いたりしてきました。新しいプラットフォームを作ってみるとか大きな挑戦のことを伺えたけど、細かい工夫も将来的に役に立つものがあるはずです。

　ラジオは意外にＣＭをあんまり考えてないんですよ。ボタンを押せば流れてきちゃうから。ディレクターもパーソナリティも、次のコマーシャルは何かを考えていない。コレはラジオ側の欠点なんですよ。

　六十分のうち十何分はコマーシャルなんだから、本当は意識すべき箇所なのに怠っているんです。ここに力を入れると、レーティングにも跳ね返ってくる気がします。

　例えば、単純にＣＭとＣＭの間に番組タイトルを一個ぶっ込んでみるといい。〇・五秒でも、それだけでリスナーに番組名を覚えてもらえます。私は局名入りジングルをたくさん流しました。

　放送事故が増えるかもしれないし、技術部は面倒だから嫌がるかも。だけど、やってみて結果が出たらスタンダードになっちゃうから。やったもの勝ちというのはラジオの世界。オールナイトの勝利も結局はやったもの勝ちだったわけだから。

　今回、こうしてオールナイトの仕事の秘密をまとめてみたわけですけど、実はラジオ番組作りにおいて不正解かもしれない。制作者になりたい人は鵜呑みにせず、本当はどこかに別の正解があるはずと思って読んで欲しい。定石にとらわれず、セオリーを壊すことがラジオ制作の大事さだと思うから。

将来オールナイトに携わる人、ラジオに関わりたい人に伝えたいのはコンプライアンスを極端に恐れちゃいけないということ。

ここで話してくれた四人は世間が普通は許してくれない試みをやってみた人ばかり。七〇年代、八〇年代だって「黙ってりゃ、わかるわけない」が通用しない時代だったんだ。変なことをすると必ず新聞なんかで怒られた。でも、ディレクターたちは顰蹙を買うのを恐れなかったし、覚悟もあったわけです。

覚悟とかなんとか、私は精神主義の嫌なおじさんみたいな話をしてる風になってるけど、実際、貧乏所帯のラジオ局の中でさらにオールナイトには予算がなかったんです。

だから精神主義というより現実主義、リアリストとしてディレクターは挑戦していったわけです。そのことについて岡崎さんはこう語っています。

**岡崎**　ニッポン放送にいて妙に納得させられた話があります。ある日、会社から「君の部でどのぐらいのスペースが要るんだ？　一人あたり何平米かで考えるから部署の人数を教えてくれ」と訊かれたんです。私が「十五人です」と答えたら、「それで机はいくついる？」ときた。「人数分と予備に二つくらいでしょうか」と答えるじゃないですか、すると必ず言った数字から10パーセント減らした分を与えられるんです。イベントで「百平米必要だ」と頼めば、九十平米のスペースを確保してくるわけ（笑）。これは「満ち足りたところからは何も新しいものは生まれない。常にハングリーでいろ」という社風なんだと納得しましたね。だから足りないところから考える癖がつきましたよ。

そう、私や宮本さん、岡崎さん、森谷さん、松島さん、この場に呼べなかった多くの才能あるニッポン放送ディレクターたちは、入局した時から「ない」ことばかりから始まりました。リスナーがいない、予算がない、スタッフがいない、面白い人がいない……いろんな不足を糧にしてきた。逆境になれば、それを逆手に取れないか考える。それは、オールナイト魂（ソウル）と言っていいし、ニッポン放送魂と呼んでもいいと思う。

これからラジオやradikoで聴く人、聴いたことでパーソナリティやディレクター、放送作家になりたい人は五十五年で育んだ、くだらないことに賭けた、その魂を引き継いで新しい面白いラジオを開拓して欲しい。

五年後、オールナイトが還暦を迎えている時に、どんな進化をしているか、とっても楽しみにしています！

# あとがき

僕の仕事、出発点は、ラジオ・ディレクター。ラジオ番組を作る仕事です。あまり光は当たりません。

一九六四年、昭和三十九年、ニッポン放送に入社、制作部に配属、初任給は二万一五〇〇円。仕事、一所懸命やりました。やっているうちに、裏方の仕事でも、気持ちの持ちようで楽しくなってくることがわかりました。

テレビやラジオの世界ばかりではなく、どんな業界でも表に出る人々に注目が集まります。しかし、どんな業界でもそれを支える裏方さんがいます。

そして聴取率〈テレビだったら視聴率〉が良くても、悪くても、世間的には、喋り手（タレントさん）のせいになります。でも、優秀なディレクターたちは知っています、「ほんとは、自分のせいだ」って。

番組は生もの、放っておけばあっという間に腐りはじめます。しかし手入れをきちんとしていれば長い間鮮度を保てます。

一九六七年十月、オールナイトが誕生した時、この番組が、半世紀以上、五十五年以上も続くことになろうとは、誰が想像したでしょうか。これは、スタート以来現時点まで、延べ何百人ものディレクターたちが、番組を日夜ブラッシュ・アップ、手入れしてきた努力の賜物です。

テレビと違ってラジオ・ディレクターというのは地味な仕事、注目されることは少ないんです。生放送が多いこともありますが、私が現場をやっていた時代（一九六四〜八〇年代）に手がけた番組などは、録音テープでさえ、ほとんど残っていません。それが当たり前の時代でした。

だからこそ、私は、オールナイトニッポンの土台を創った番組創世期のディレクターたち、彼らの獅子奮迅の活躍ぶりを、今のうちに書き残しておきたいと思っていたのです。

そしてこのたび、こうしてチャンスをいただき、やっと長年の思いを実現することが出来ました。

登場する四人の方、松島さん以外は皆さん番組のチーフディレクターだった方々です。本来なら、もっともっと、せめて二十人ぐらいは優秀なディレクターたちを紹介したかったのですが、いかんせん、ページ数が足りません。書店の立ち読みで、まずはあとがきをお読みになる方、まだ購入前でしたら、是非一冊、お買い求めくださいな。

この本が評判になりましたら、続編ということで、またのチャンスが生まれるかもです。

ラジオ・ディレクター、みな同じようですけれど、仕事への考え方、取り組み方、演出ぶり、細かいところでは、交渉の仕方、電話の掛け方、みな違います……というか、優秀なディレクターには、一人一人、強い個性があります。

インタビューが、おじさんたちの単なる「昔話」や「自慢話」、「手柄話」の寄せ集めにはならぬよう、細心の注意を払ったつもりです。

ラジオってどうやって作られているのかに興味がある方、ラジオが大好きな方、そんな方々に読んでいただければ、嬉しいです。

本書を上梓するにあたり、まずは、この企画を実現してくださった小学館の山内健太郎氏、敬愛するユニークな編集者・岸川真氏の両氏、また我が故郷であるニッポン放送の皆様、ＯＢの皆様へ、そして、企画に賛同してくださり、全面的に協力してくださったオールナイトの仲間たち、岡崎さん、宮本さん、森谷さん、松島さんのお四方に、心から感謝の意を表します。

そして最後に、この本を恩師であるお二人、故・石田達郎氏と故・伊藤アキラ氏に捧げます。

亀渕昭信

二〇二三年二月吉日

## 亀渕昭信［かめぶち・あきのぶ］

1942年北海道生まれ。早稲田大学政治経済学部卒。1964年ニッポン放送入社。1年間の米国留学を経て、番組制作、パーソナリティー、編成デスクなどを務める。1999年ニッポン放送代表取締役社長。著書に『35年目のリクエスト』（白泉社刊）、『いくつになっても始められる男の料理入門塾』（学研刊・土井善晴との共著）、『亀渕昭信のロックンロール伝』（ヤマハミュージックメディア刊）などがある。

構成：岸川 真
編集：山内健太郎

# 秘伝オールナイトニッポン
## 奇跡のオンエアはなぜ生まれたか

二〇二三年 四月五日 初版第一刷発行

著者 亀渕昭信
発行人 飯田昌宏
発行所 株式会社小学館
〒一〇一－八〇〇一 東京都千代田区一ツ橋二ノ三ノ一
電話 編集：〇三－三二三〇－五一二六
販売：〇三－五二八一－三五五五

印刷・製本 中央精版印刷株式会社


Printed in Japan ISBN978-4-09-825447-7